装配式建筑系列新形态教材

装配式混凝土建筑计量与计价

袁建新　胡六星　傅丽芳　刘贯荣　编著

U0252269

清华大学出版社
北　京

内 容 简 介

本书根据装配式混凝土建筑生产过程确定工程造价的客观规律,运用"理实一体化"教学模式,采用"螺旋循环递进"教学理念与方法,编著的高等职业教育"理论—应用—实训"理论联系实际的新型教材。

本书可作为中高职工程造价、装配式工程技术、建筑工程技术等专业学生学习与掌握装配式混凝土建筑工程量计算以及编制工程量清单报价教学的用书,也可供从事工程造价、装配式建筑施工等工作岗位的专业人员参考使用。

图书在版编目(CIP)数据

装配式混凝土建筑计量与计价/袁建新等编著.—北京:清华大学出版社,2022.3(2024.8 重印)
装配式建筑系列新形态教材
ISBN 978-7-302-59978-4

Ⅰ.①装… Ⅱ.①袁… Ⅲ.①装配式混凝土结构-建筑工程-计量-高等职业教育-教材 ②装配式混凝土结构-建筑工程-建筑造价-高等职业教育-教材 Ⅳ.①TU723.3

中国版本图书馆 CIP 数据核字(2022)第 016073 号

责任编辑:杜　晓
封面设计:曹　来
责任校对:赵琳爽
责任印制:曹婉颖

出版发行:清华大学出版社
　　　　网　　　址:https://www.tup.com.cn,https://www.wqxuetang.com
　　　　地　　　址:北京清华大学学研大厦 A 座　　　　邮　　编:100084
　　　　社 总 机:010-83470000　　　　　　　　　　邮　　购:010-62786544
　　　　投稿与读者服务:010-62776969,c-service@tup.tsinghua.edu.cn
　　　　质量反馈:010-62772015,zhiliang@tup.tsinghua.edu.cn
　　　　课件下载:https://www.tup.com.cn,010-83470410
印 装 者:三河市天利华印刷装订有限公司
经　　销:全国新华书店
开　　本:185mm×260mm　　　　印　张:10.75　　　　字　数:256 千字
版　　次:2022 年 4 月第 1 版　　　　　　　　　　印　次:2024 年 8 月第 3 次印刷
定　　价:45.00 元

产品编号:094865-01

前　言

随着城市建设节能减排、可持续发展等环保政策的提出,装配式建筑设计、生产与施工已成为建筑产业化的发展趋势。装配式建筑施工实现了预制构件设计标准化、生产工厂化、运输物流化以及安装专业化的"四化",具有强大的生命力。装配式建筑的"四化"提高了施工生产效率,减少了施工废弃物的产生。装配式建筑是现代中国工业化、规模化发展的必然,也是建筑产业升级、淘汰落后产能、提升建筑质量的必然。

工程造价必须根据建筑产品的生产与施工过程的客观规律确定。装配式建筑的构件生产方式、部品部件生产方式、施工方式、安装方式发生的变化,使人力资源、材料供应、施工工艺、资料管理、成本控制等方面发生了很大的变化。因此,需要进一步研究装配式建筑的定价规律与方法,由此产生了这本《装配式混凝土建筑计量与计价》"理实一体化"的新型教材。

本书特别提出了鼓励学生发挥自主学习的能动性,通过实训等实践过程,提升"吃苦耐劳、精益求精"造价行业的执业素质,将自己培养为具有社会主义核心价值观、高素质的应用型人才。

本书由四川建筑职业技术学院袁建新教授,湖南城建职业技术学院胡六星教授,上海思博职业技术学院傅丽芳讲师、刘贯荣讲师,中国华西企业有限公司邓勇项目经理共同编写。其中,胡六星编写了第6章、第8章8.1~8.5节的内容,傅丽芳编写了第7章7.2和7.3节的内容,刘贯荣编写了第5章的内容,邓勇编写了第11章11.2节的内容,其余内容由袁建新编写。全书由袁建新统稿。

本书在编写过程中,查阅了装配式建筑混凝土建筑的有关资料,得到了清华大学出版社的大力支持,在此一并表示感谢! 由于作者水平有限,本书难免有不当之处,敬请广大读者批评指正。

编著者

2024 年 1 月

目 录

Ⅰ 理论篇

Ⅱ　方法篇

Ⅲ 实训篇

I

理 论 篇

1 概　述

1.1　认识装配式建筑

1.1.1　装配式建筑的概念

装配式建筑是指用工厂生产的预制构件、部品部件在工地装配而成的建筑,包括装配式混凝土结构、钢结构、现代木结构,以及其他符合装配式建筑技术要求的结构体系建筑。本书只介绍装配式混凝土结构建筑的工程造价计算方法。

1.1.2　什么是PC

PC(precast concrete)是装配式混凝土预制构件的简称,我们在学习装配式混凝土建筑计量与计价的课程内容时,首先要了解什么是PC。

PC构件厂是按照标准图设计生产的混凝土构件,主要有外墙板、内墙板、叠合板、阳台、空调板、楼梯、预制梁、预制柱等,然后将工厂生产的PC构件运到建筑物施工现场,经装配、连接、部分现浇,装配成混凝土结构建筑物。PC构件示意图如图1-1所示。

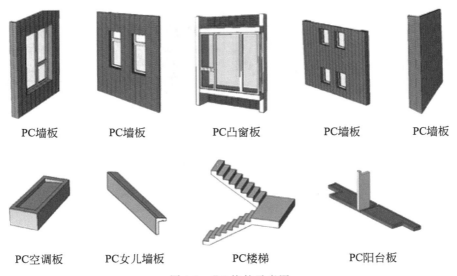

PC墙板　　PC墙板　　PC凸窗板　　PC墙板　　PC墙板

PC空调板　　PC女儿墙板　　PC楼梯　　PC阳台板

图 1-1　PC 构件示意图

1.1.3 PC 构件施工生产过程简介

1. PC 构件标准化图纸设计

精确的标准化 PC 设计图纸让施工更加规范,避免了传统施工方式中边施工边进行修改而造成的返工等情况,施工时间得到了大大节省,流程得到了极大简化。

2. PC 构件生产

工厂化的作业模式,将传统的建筑工地"搬进"工厂里,让房屋的每一个构件在工厂流水线上生产出来,从铸模、成型到养护,精确的构件只需在工地进行组装,即可成为产业化的住宅。

第一步:钢筋加工及安装钢模。钢筋经过工厂化机械加工、成型,并且通过人工抽检测量,确保尺寸标准;依据精确弹线标示,安装组合钢模模板,如图 1-2 所示。

图 1-2　PC 组合钢膜

第二步:内埋物入模。面砖、钢筋、门窗框等埋入物入模,并进行埋入物的人工检查,如图 1-3 所示。

图 1-3　钢筋等内埋物入模、人工检查

第三步:混凝土浇筑。将按照标准调配好的混凝土填充进入钢模,进行混凝土的强度测验,确保质量合格,如图 1-4 所示。

图 1-4　浇捣 PC 构件混凝土

第四步:构件表面处理。对 PC 墙体表面进行抹平等处理,确保 PC 构件表面平整,如图 1-5 所示。

图 1-5　PC 构件表面平整抹光

第五步:蒸汽养护、脱模。对墙体等 PC 构件进行蒸汽养护至其凝固成型,最终将墙体等 PC 构件模具脱离,如图 1-6 所示。

图 1-6　PC 构件模具脱离

3. 运输及现场堆放

开创性的 PC 产业化技术,带来了极其方便的材料运输。在传统建筑方式中,需要耗费大量时间分批运输的各种建筑材料,在 PC 技术的帮助下变成了各种建筑组件,传统的高成本多次运输,在一次性的运输中就得以完成,如图 1-7 和图 1-8 所示。

材料的运输大大节约了成本,半成品的建筑组件更节约了现场摆放空间,使得施工环境更加整洁。

图 1-7　PC 构件运输

图 1-8　PC 构件堆放

4. 现场吊装

第一步:现场吊装外墙板等 PC 构件。做好场地清理、构件的复查与清理、构件的弹线与编号等准备工作,以及构件的堆放、构件的临时加固工作。

第二步:叠合板吊装。确保叠合结构中预制构件的叠合面符合设计要求,采取保证构件稳定的临时固定措施,并应根据水准点和轴线校正位置,最终进行永久固定,如图 1-9～图 1-11 所示。

图 1-9　PC 构件吊装

图 1-10 PC 墙板支撑固定

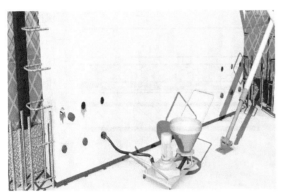

图 1-11 PC 构件注浆连接

1.2 认识装配式建筑部品部件

1.2.1 住宅部品

按照一定的边界条件和配套技术,由两个或两个以上的住宅单一产品或复合产品在现场组装而成,构成住宅某一部位中的一个功能单元,能满足该部位一项或几项功能要求的产品即住宅部品。住宅部品包括屋盖、墙体、楼板、门窗、隔墙、卫生间、厨房、阳台、楼梯、储柜等部品类别。

1.2.2 房屋构造部品

1. 屋盖部品

屋盖部品是由屋面饰面层、保护层、防水层、保温层、隔热层、屋架等中的两种或者两种以上产品按一定的构造方法组合而成,满足一种或几种屋盖功能要求的产品,如图 1-12~图 1-15 所示。

图 1-12　木结构屋盖部品

图 1-13　混凝土结构屋盖部品

图 1-14　PC 屋盖部品

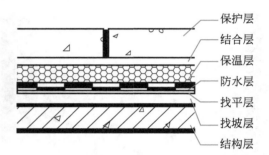

图 1-15　PC 屋盖部品做法

2. 墙体部品

墙体部品是由墙体材料、结构支撑体、隔声材料、保温材料、隔热材料、饰面材料等中的两种或者两种以上产品按一定的构造方法组合而成,满足一种或几种墙体功能要求的产品,如图 1-16 所示。

图 1-16　墙体部品

3. 楼板部品

楼板部品是由面层、结构层、附加层(保温层、隔声层等)、吊顶层等中的两种或者两种以上产品按一定的构造方法组合而成,满足一种或几种楼板功能要求的产品,如图 1-17 所示。

4. 门窗部品

门窗部品是由门、门框、窗扇、窗框、门窗五金、密封层、保温层、窗台板、门窗套板、遮阳

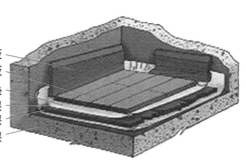

踢脚板
地板
防潮垫
人造板垫层
防潮隔离层
混凝土基层

图 1-17 楼板部品

等中的两种或者两种以上产品按一定的构造方法组合而成,满足一种或几种门窗功能要求的产品,如图 1-18 所示。

图 1-18 门窗部品

5. 隔墙部品

隔墙部品是由墙体材料、骨架材料、门窗等中的两种或者两种以上产品按一定的构造方法组合而成的非承重隔墙和隔断,满足一种或几种隔墙和隔断功能要求的产品,如图 1-19 所示。

图 1-19 隔墙部品

6. 阳台部品

阳台部品是由阳台地板、栏板、栏杆、扶手、连接件、排水设施等产品,按一定构造方法组合而成,满足一种或几种阳台功能要求的产品,如图 1-20 所示。

7. 楼梯部品

楼梯部品是由梯段、楼梯平台、栏杆、扶手等中的两种或者两种以上产品,按一定构造方

图 1-20 阳台部品

法组合而成,满足一种或几种楼梯功能要求的产品,如图 1-21 所示。

图 1-21 楼梯部品

1.2.3 住宅设施部品

1. 卫生间部品

卫生间部品是由洁具、管道、给排水和通风设施等产品,按照配套技术组装,满足便溺、洗浴、盥洗、通风等一个或多个卫生功能要求的产品,如图 1-22 和图 1-23 所示。

图 1-22 卫生间部品(盥洗)　　　　图 1-23 卫生间部品(洗浴)

2. 厨房部品

厨房部品是由烹调、通风排烟、食品加工、清洗、储藏等产品,按照配套技术组装,满足一个或多个厨房功能要求的产品,如图 1-24 所示。

图 1-24　厨房部品

3. 储柜部品

储柜部品是由门扇、轨道、家具五金、隔板等产品,按一定构造方法组合而成,满足固定储藏功能要求的产品,如图 1-25 所示。

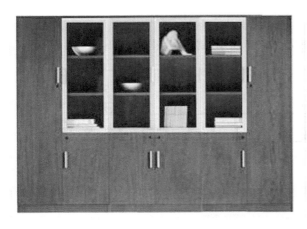

图 1-25　储柜部品

1.3　认识装配式混凝土建筑计量与计价

1.3.1　计量与计价的含义

1. 计量的含义

计量是工程量计算的简称,在本书中特指装配式混凝土建筑工程量计算。

2. 计价的含义

计价是工程造价各项费用计算的简称,本书中特指装配式混凝土建筑各项费用及工程造价的计算。

1.3.2　装配式混凝土建筑计量与计价的含义

装配式混凝土建筑计量与计价是指通过计算工程量以及有关依据和要求,编制工程量清单报价的全部工作内容。在本书中是指根据装配式混凝土建筑施工图、工程量计算规范、计价定额、费用定额等计算依据,按规定计算装配式混凝土建筑工程量、编制综合单价,计算分部分项工程费、措施项目费、其他项目费、规费以及税金,编制装配式混凝土建筑工程量清单报价的全部工作内容。

1.4　装配式混凝土建筑工程量清单报价编制简例

根据给定的编制依据,编制装配式混凝土 PC 叠合梁工程量清单报价。

1.4.1　PC 叠合梁施工图

某装配式混凝土建筑 PC 叠合梁施工图如图 1-26 所示,制运安装图如图 1-27~图 1-29 所示。

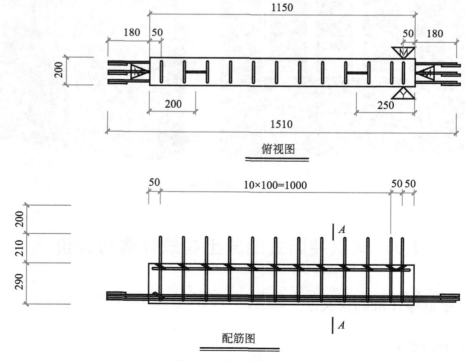

图 1-26　叠合梁施工图

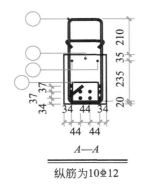

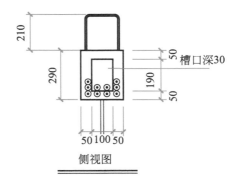

A—A

纵筋为10±12

图 1-26（续）

图 1-27 叠合梁制作

图 1-28 叠合梁运输

图 1-29 叠合梁安装

1.4.2　PC 叠合梁工程量计算

计算图 1-26 中 20 根 PC 叠合梁制作、运输、安装清单工程量。

1. PC 叠合制作工程量

计算规则:按图示尺寸以 m³ 计算工程量。

$$PC\ 叠合梁制作\ V = (断面积 \times 梁长 - 槽口) \times 20\ 根$$
$$= (0.20 \times 0.29 \times 1.15 - 0.10 \times 0.19 \times 0.03) \times 20$$
$$\approx (0.0667 - 0.0006) \times 20$$
$$\approx 0.066 \times 20$$
$$\approx 1.32\,(m^3)$$

2. PC 叠合梁运输工程量

PC 叠合梁运距为 10km。运输工程量同制作工程量为 $1.32m^3$。

3. PC 叠合梁安装工程量

PC 叠合梁安装工程量同制作工程量为 $1.32m^3$。

1.4.3　计价定额与费用定额

1. PC 叠合梁与计价定额

1）PC 叠合梁市场价

某地区 PC 叠合梁出厂价为 1521.86 元/m^3。

2）PC 叠合梁运输计价定额

PC 叠合梁运输计价定额见表 1-1。

表 1-1　PC 叠合梁运输计价定额

定额编号				5-309	5-310
项　目				2 类 PC 构件运输（每 10m³）	
				场外运距≤10km	场外每增减 1km
基价/元				2021.89	86.27
其中	人工费/元			106.40	5.18
	材料费/元			245.99	—
	机械费/元			1669.50	81.09
名　称		单位	单价/元	消耗量	
人工	普工	工日	60.00	0.420	0.020
	一般技工	工日	80.00	0.840	0.041
	高级技工	工日	100.00	0.140	0.007
材料	枋板材	m³	1530.00	0.110	
	钢丝绳	kg	33.78	0.320	
	镀锌铁丝 $\phi 4$	kg	21.30	3.140	
机械	载重汽车 12t	台班	550.00	1.050	0.051
	汽车式起重机 20t	台班	1560.00	0.700	0.034

3）PC 叠合梁安装计价定额

PC 叠合梁安装计价定额见表 1-2。

表 1-2　PC 叠合梁安装计价定额

定额编号				5-332
项　目				PC 叠合梁安装（每 10m³）
基价/元				1971.86
其中	人工费/元			967.48
	材料费/元			192.03＋1.15＝193.18
	机械费/元			811.20
	名　称	单位	单价/元	消耗量
人工	普工	工日	60.00	3.819
	一般技工	工日	80.00	7.638
	高级技工	工日	100.00	1.273
材料	垫铁	kg	4.50	3.270
	松杂枋材	m³	1240.00	0.014
	立支撑杆件 $\phi48\times3.5$	套	78.30	1.040
	零星卡具	kg	3.87	9.360
	钢支撑及配件	kg	4.23	10.000
	其他材料费	％	—	0.600
机械	汽车式起重机 20t	台班	1560.00	0.52

2. 费用定额

某地区费用定额如下。

$$管理费 = 定额人工费 \times 15\%$$
$$利润 = 定额人工费 \times 8\%$$
$$安全文明施工费 = 定额人工费 \times 6\%$$
$$规费（社保）= 定额人工费 \times 12\%$$
$$增值税 = 税前造价 \times 9\%$$
$$附加税 = 税前造价 \times 0.313\%$$

1.4.4　综合单价编制

第一步：将 PC 叠合梁市场价、运输与安装计价定额中的人工费、材料费、机械费数据填入表 1-3 对应的位置。

第二步：计算 PC 叠合梁运输管理费和利润（10.64×23％≈2.45 元）；计算 PC 叠合梁安装管理费和利润（96.75×23％≈22.25 元）。

第三步：将合价中的人工费、材料费、机械费以及管理费和利润合计，PC 叠合梁清单项目的综合单价为 1864.82 元。

表 1-3　PC 叠合梁综合单价编制表

项目编码	010510001001	项目名称	矩形梁制运安				计量单位				m³

清单综合单价组成明细

定额编号	定额项目名称	定额单位	数量	单价/元				合价/元			
				人工费	材料费	机械费	管理费和利润	人工费	材料费	机械费	管理费和利润
市场价	PC 梁制作	m³	1.0		1521.86				1521.86		
5-309	PC 梁运输（10km）	m³	1.0	10.64	24.60	166.95	2.45	10.64	24.60	166.95	2.45
5-332	PC 梁安装	m³	1.0	96.75	19.32		22.25	96.75	19.32		22.25
人工单价		小计						107.39	1565.78	166.95	24.70
元/工日		未计价材料费									
清单项目综合单价/元								1864.82			

主要材料名称、规格、型号	单位	数量	单价/元	合价/元	暂估单价/元	暂估合价/元
枋板材	m³	0.011	1530	16.83		
松杂枋材	m³	0.0014	1240	1.74		
立支撑杆件 φ48×3.5	套	0.104	78.30	8.14		
PC 梁出厂价	m³	1.00	1521.86	1521.86		
钢丝绳	kg	0.032	33.78	1.08		
镀锌铁丝	kg	0.314	21.3	6.69		
垫铁	kg	0.327	4.5	1.47		
零星卡具	kg	0.936	3.87	3.62		
钢支撑及配件	kg	1.0	4.23	4.23		
其他材料费				0.12	—	
材料费小计				1565.78	—	

（左侧竖排：主要材料费明细）

说明：其中定额人工费为 107.39 元/m³。

1.4.5　分部分项工程费计算

$$PC\ 叠合梁分部分项工程费 = 工程量 × PC\ 叠合梁综合单价$$
$$= 1.32 × 20 × 1864.82$$
$$= 26.40 × 1864.82$$
$$\approx 49231.25（元）$$

其中

$$定额人工费 = 26.40 \times 107.39 \approx 2835.10(元)$$

1.4.6　措施项目费计算

$$安全文明施工费 = 定额人工费 \times 6\%$$
$$= 2835.10 \times 6\%$$
$$\approx 170.11(元)$$

其他项目费计算(说明:本项目无其他项目费)。

1.4.7　规费计算

$$规费(社保) = 定额人工费 \times 12\%$$
$$= 2835.10 \times 12\%$$
$$\approx 340.21(元)$$

1.4.8　税金计算

$$税前造价 = 分部分项工程费 + 措施项目费 + 其他项目费 + 规费$$
$$增值税 = 税前总价 \times 9\%$$
$$= (49231.25 + 170.11 + 0 + 340.21) \times 9\%$$
$$= 49741.57 \times 9\%$$
$$\approx 4476.74(元)$$

1.4.9　PC叠合梁清单报价

$$PC叠合梁清单报价 = 税前造价 + 增值税$$
$$= 49741.57 + 4476.74$$
$$= 53218.31(元)$$

1.4.10　PC叠合梁工程量工程造价计算表

将上述计算过程得出的各项费用计算结果,填写入PC叠合梁工程造价计算表后(见表1-4),就完成了编制装配式混凝土建筑(PC叠合梁)工程量清单报价的全部工作。

表 1-4　装配式混凝土建筑工程造价计算表

序号	费用项目			计算基础	费率	计算式	金额/元
1	分部分项工程费					见计算式(其中人工费 2835.10 元)	49231.25
2	措施项目费	单价措施项目				无	170.11
		总价措施	安全文明施工费		6%	2835.10×6%＝170.11(元)	
			夜间施工增加费			无	
			二次搬运费			无	
			冬雨季施工增加费			无	
3	其他项目费	总承包服务费		分包工程造价		无	无
		暂列金额				无	
		暂估价				无	
		计日工				无	
4	规费	社会保险费		人工费	12%	2835.10×12%＝340.21(元)	340.21
		住房公积金				无	
		工程排污费				无	
5	税前造价					序号1＋序号2＋序号3＋序号4	49741.57
6	税金	增值税		税前造价	9%	49741.57(不含进项税)×9%＝4476.74(元)	4476.74
7	附加税	城市维护建设税、教育费附加、地方教育费附加		税前造价	0.313%	49741.57(不含进项税)×0.313%＝155.69(元)	155.69
	工程造价＝序号1＋序号2＋序号3＋序号4＋序号5＋序号6＋序号7						54374.00

1.5　装配式混凝土建筑工程量清单报价的特点

　　有什么样的建造方式就有什么样的计价方式。装配式混凝土建筑工程造价的计价方式要真实、客观地反映其建造的计价方式。所以,必须通过学习本课程,掌握装配式混凝土造价的计价方式和计价技能。

1.5.1　施工生产方式不同

1. 成品化生产
　　构件可在工厂内进行成品化生产,施工现场可直接安装,方便又快捷,可大大缩短施工工期。

2. 成品质量有效控制

构件在工厂采用机械化生产,产品质量更容易得到有效控制。

3. 有利于环保

减少施工现场湿作业量,有利于环境保护。

4. 机械化程度高

构件机械化程度高,可较大幅度减少现场施工人员配备。

5. 建造成本有所增加

预制构件、部品部件内预埋件、螺栓等使用量有较大增加,会增加产品成本。

1.5.2　PC 构件与部品部件计价方式不同

PC 构件与部品部件的工厂化生产方式和成本费用构成,改变了传统施工现场的计价方式。需要研究适应工厂成品价格计算且又要符合工程造价计算方法与规定的计价方式。

1.5.3　装配式构件安装方式不同

1. PC 构件支撑固定

吊装就位的 PC 构件需要各种支撑或者支架固定,等构件套筒连接、接缝现浇混凝土或者连接件整体连接后,方能拆除。

2. PC 构件套筒连接

PC 构件套筒连接需要完成预埋套筒和吊装 PC 构件后注浆连接两个重要环节。因此,需要熟悉上述施工工艺,才能准确编制装配式混凝土建筑工程量清单报价。

总之,装配式建筑的主要特点是能实现标准化设计、工厂化生产、装配化施工、一体化装修、信息化管理和智能化应用,进而提高技术水平和工程质量,促进建筑产业转型升级。因此需要研究符合客观情况的工程造价计价方式。

1.6　装配式混凝土建筑计量与计价的核心技能

1.6.1　装配式混凝土建筑工程量计算

装配式混凝土建筑工程量清单报价必须首先计算工程量,然后才能套用定额,通过编制综合单价计算出分部分项工程费等工程造价的各项费用。

正确计算工程量是编制工程量清单报价的前提条件,也是反映学员工程造价综合能力的水平程度。所以,必须掌握这一核心技能。

1.6.2　装配式混凝土建筑综合单价编制

通过编制综合单价来计算分部分项工程费,是编制工程量清单报价的特殊方法与要求。

正确编制综合单价,反映了使用计价定额以及确定和应用人材机单价的综合能力,这是编制工程量清单报价的核心技能之一。

1.6.3　装配式混凝土建筑工程造价费用计算

除了分部分项工程费计算,工程造价还包括措施项目、其他项目费、规范和税金的计算。运用费用定额,根据工程具体情况确定计算各项费用的计算基数和取费费率,是正确计算工程量清单报价各项费用的核心技能之一。

▌思考

2 装配式混凝土建筑工程量清单报价编制原理

2.1 建筑产品的特性

用来交换的装配式混凝土建筑也是产品。建筑产品具有产品生产的单件性、建设地点的固定性、施工生产的流动性等特点。这些特点是形成建筑产品必须通过编制施工图预算或编制工程量清单报价确定工程造价的根本原因。

2.1.1 产品生产的单件性

建筑产品的单件性是指每个建筑产品都具有特定的功能和用途,在建筑物的造型、结构、尺寸、设备配置和内外装修等方面都有不同的具体要求。即使用途完全相同的工程项目,在建筑等级、基础工程等方面都可能会不一样。可以这么说,在实践中找不到两个完全相同的建筑产品。因而,建筑产品的单件性使建筑物在实物形态上千差万别,各不相同。

2.1.2 建设地点的固定性

建设地点的固定性是指建筑产品的生产和使用必须固定在某一个地点,不能随意移动。建筑产品固定性的客观事实,使得建筑物的结构和造型受到当地自然气候、地质、水文、地形等因素的影响和制约,因此功能相同的建筑物在实物形态上仍有较大的差别,因而每个建筑产品的工程造价各不相同。

2.1.3 施工生产的流动性

流动性是指施工企业必须在不同的建设地点组织施工、建造房屋。建筑产品的固定性是产生施工生产流动性的根本原因。因为建筑物固定了,施工队伍就流动了。

建设地点离施工单位基地的距离、资源条件、运输条件、工资水平等,都会影响建筑产品的造价。

2.2 工程造价计价基本理论

2.2.1 确定工程造价的重要基础

1. 产生建筑产品特殊定价方法的原因

建筑产品的三大特性决定了其在价格要素上千差万别的特点。这种差别使其不能像载重汽车那样制定统一建筑产品价格。因此,通常工业产品的定价方法不适用于建筑产品。

产品定价的基本规律除了价值规律外,还应该有两个方面,一是通过市场竞争形成价格,二是同类产品的价格水平应该保持一致。

对于建筑产品来说,价格水平一致性的要求和建筑产品单件性的差别性特点,是一对需要解决的主要矛盾,因为我们无法做到以一个建筑物为对象来整体确定工程造价从而达到保持价格水平一致的要求。

2. 建筑产品的科学分解和制定计价定额是实现建筑产品定价的重要基础

将复杂的建筑工程分解为具有共性的基本构造要素——分项工程;编制单位分项工程人工、材料、机械台班消耗量及货币量的消耗量定额(计价定额),是确定建筑工程造价的重要基础。

通过长期实践和探讨,我们找到了用编制施工图预算或编制工程量清单报价确定产品价格的方法,来解决不同建筑成品价格水平一致性的问题。因此,施工图预算或工程量清单报价是确定建筑产品价格的特殊方法。其特殊性在于,对千差万别的建筑产品(建筑物),进行合理分解,层层分解到内容一致,可以组合任何建筑物的(成百上千个)分项工程项目,然后编制出价格水平一致的单位分项工程计价定额,用于计算任何新建项目的分项工程的直接费用,然后再用汇总的单位工程直接费用,计算其他有关费用,进而计算出建筑产品工程造价。

若干个分项工程可以构建一个单位工程项目;计价定额统一了分项工程的消耗量水平与价格水平,缺一不可。

这一方法是编制设计概算、施工图预算、工程量清单报价、工程结算造价等工程造价原理的基础理论与方法。

2.2.2 基本建设项目的概念及划分

1. 基本建设项目的概念

基本建设项目是一个建设单位在一个或几个建设区域内,根据主管部门下达的计划任务书和批准的总体设计及总概算书,经济上实行独立核算,行政上具有独立的组织形式,严格按基建程序实施的基本建设工程。

例如,新建的某应用型大学就是一个基本建设项目,其中包括教学楼、实验楼、办公楼、食堂、宿舍、体育馆等工程项目。

2. 基本建设项目划分

基本建设项目按照合理确定工程造价和工程建设管理工作的要求,划分为建设项目、单项工程、单位工程、分部工程、分项工程五个层次。

1)建设项目

建设项目一般是指在一个总体设计范围内,由一个或几个工程项目组成,经济上实行独立核算,行政上实行独立管理,并且具有法人资格的建设单位。

2)单项工程

单项工程又称工程项目,是建设项目的组成部分,是指具有独立设计文件,竣工后可以独立发挥生产能力或使用效益的工程。例如,一个工厂的生产车间、仓库;学校的教学楼、图书馆等分别都是一个单项工程。

3)单位工程

单位工程是单项工程的组成部分。单位工程是指具有独立的设计文件,能单独施工,但建成后不能独立发挥生产能力或使用效益的工程。例如,一个生产车间的土建工程、电气照明工程、给排水工程、机械设备安装工程、电气设备安装工程等分别是一个单位工程,他们是生产车间这个单项工程的组成部分。

4)分部工程

分部工程是单位工程的组成部分。分部工程一般按工种工程来划分,例如,土建单位工程划分为土石方工程、砌筑工程、脚手架工程、钢筋混凝土工程、木结构工程、金属结构工程、装饰工程等。分部工程也可按单位工程的构成部分来划分,例如,土建单位工程也可分为基础工程、墙体工程、梁柱工程、楼地面工程、门窗工程、屋面工程等。编制建筑工程计价定额综合了上述两种方法来划分分部工程。

5)分项工程

分项工程是分部工程的组成部分。按照分部工作划分的方法,可再将分部工程划分为若干个分项工程。例如,基础工程还可以划分为基槽开挖、基础垫层、基础砌筑、基础防潮层、基槽回填土、土方运输等分项工程。

分项工程是建筑工程的基本构造要素。通常,把这一基本构造要素称为"假定建筑产品"。假定建筑产品虽然没有独立存在的意义,但是这一概念在工程造价确定、计划统计、建筑施工及管理、工程成本核算等方面都是十分重要的概念。基本建设项目划分示意图如图 2-1 所示。

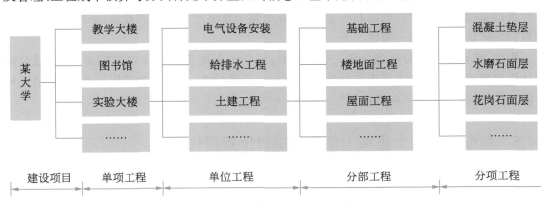

图 2-1 基本建设项目划分示意图

2.2.3 确定工程造价的基本前提

建筑产品是结构复杂、体型庞大的工程，很难对这样一类完整产品进行统一定价，需要按照一定的规则，将建筑产品进行合理分解，层层分解到构成完整建筑产品的共同要素——分项工程项目为止，才能实现对建筑产品定价的目的。

从建设项目划分的内容来看，将单位工程按结构构造部位和工程工种来划分，可以分解为若干个分部工程。但是，从对建筑产品定价要求来看，仍然不能满足要求。因为以分部工程为对象定价，其影响因素较多。例如，同样是砖墙；构造可能不同，如实砌墙或空花墙；材料也可能不同，如标准砖或灰砂砖。受这些因素影响，其人工、材料消耗的差别较大。所以，还必须按照不同的构造、材料等要求，将分部工程分解为更为简单的组成部分——分项工程，例如，现浇 C30 混凝土独立基础、PC 叠合梁吊装、C25 混凝土二次浇灌等。

分项工程是经过逐步分解能够用较为简单的施工过程生产出来的，可以用适当计量单位计算的工程基本构造要素。

2.2.4 单位分项工程消耗量标准

将建筑工程层层分解后，就能采用一定的定额编制方法，编制出单位分项工程项目的人工、材料、机械台班消耗量标准——计价定额。

虽然不同的建筑工程由不同的分项工程项目和不同的工程量构成，但是有了计价定额（消耗量定额）后，就可以计算出价格水平基本一致的工程造价。这是因为计价定额（消耗量定额）确定的每一单位分项工程的人工、材料、机械台班消耗量，起到了统一建筑产品劳动消耗水平的作用，使我们能够对各建筑工程不同的工程数量，计算出符合统一价格水平的工程造价。

例如，甲工程 PC 叠合板工程量为 $68.56m^3$，乙工程 PC 叠合板工程量为 $205.66m^3$，虽然工程量不同，但使用消耗量水平一致的计价定额（消耗量定额）后，他们的人工、材料、机械台班消耗量水平（单位消耗量）保持了一致性。

在计价定额（消耗量定额）消耗量的基础上再考虑价格因素，用货币反映定额基价，就可以计算出直接费、间接费、利润和税金，然后算出整个建筑产品的工程造价，保持不同装配式建筑物之间价格水平的一致性。

因此，将建设项目分解到分项工程层次后，同化了不同建筑产品之间的差异性，通过编制计价定额确定单位分项工程工料机消耗量和货币量标准，合理实现了用计价定额（消耗量定额）统一建筑产品水平的目标。

2.2.5 装配式混凝土建筑工程量清单报价费用构成

1. 工程量清单报价费用构成依据

工程量清单报价费用构成是《建设工程工程量清单计价规范》规定的。

2. 工程量清单报价费用构成

工程量清单报价的工程造价由分部分项工程费、措施项目费、其他项目费、规费和税金构成。

2.2.6　装配式混凝土建筑工程量清单编制方法

1. 基本理论

马克思主义劳动价值论的商品价值理论可以用 $W = C + V + m$ 来表达。其中,W 为商品的价值;C 是指生产资料的转移价值,即建筑产品生产直接消耗的建筑材料、除机上人工以外的机械台班等生产资料;V 是劳动者为自己劳动创造的价值,即工资、奖金、社保等;m 是劳动者为社会劳动创造的价值,即利润与税金等。

从建造成本的角度出发,一般将建筑产品价格划分为直接成本、间接成本、利润和税金 4 个组成部分。

可以直接计算到某一建筑产品上的建造费用叫直接成本,如生产工人的人工费、材料费、机械台班费等;若干个建造产品建造过程中共同发生的费用,需要通过某种计算方法分摊到某个建筑产品上的费用叫间接成本,如公司管理人员的工资、办公费、固定资产使用费等;按规定计算出来的竞争利润,是企业扩大再生产的源泉;向国家缴纳的建筑产品增值税金是国民收入积累的源泉。

因此,可以将建筑产品造价表达为:工程造价＝直接费＋间接费＋利润＋税金。

需要指出的是,目前装配式建筑工程造价费用组成与划分,符合了上述价格构成的基本理论,即分部分项工程费、措施项目费、其他项目费和规费分别由直接费、间接费和利润构成,最后再计算建筑产品的增值税,然后汇总为工程造价。

2. 分部分项工程费计算

1）计算依据

分部分项工程费计算依据包括装配式混凝土建筑招标文件、装配式混凝土建筑施工图、装配式建筑工程量计算规范、装配式建筑计价定额、装配式建筑费用定额等。

2）计算方法

$$分部分项工程费 = \sum 分项工程量 \times 综合单价$$

其中

$$综合单价 = \sum 计价定额基价 + 管理费 + 利润$$

3. 措施项目费计算

1）计算依据

措施项目费计算依据包括施工图、招标文件、计价定额、费用定额与有关文件规定。

2）计算方法

$$措施项目费 = 定额人工费或定额直接费 \times 措施项目费费率$$

4. 其他项目费计算

1）计算依据

其他项目费计算依据包括施工图、招标文件、计价定额、费用定额与有关文件规定。

2）计算方法

$$其他项目费 = 暂列金额 + 计日工 + 总承包服务费等$$

5. 规费计算

1）计算依据

规费计算依据包括招标文件、费用定额与有关文件规定。

2）计算方法

$$规费 = 定额人工费 \times 规费费率$$

6. 增值税税金计算

1）计算依据

增值税税金计算依据中华人民共和国税法。

2）计算方法

$$增值税税金 = 税前造价 \times 增值税税率$$
$$= (分部分项工程 + 措施项目费 + 其他项目费 + 规费) \times 增值税税率$$

2.2.7 装配式混凝土建筑工程造价计算数学模型

依据《建设工程工程量清单计价规范》和建标〔2013〕44 号文规定，装配式混凝土建筑工程量清单报价的工程造价计算可以用以下数学模型表达。

$$装配式混凝土 = \left[\sum_{i=1}^{n} (清单工程量 \times 综合单价)_i \right.$$
$$+ 措施项目清单费 + 其他项目清单费 + 规费 \Big]$$
$$\times (1 + 税率)$$

其中

$$综合单价 = \left\{ \left[\sum_{i=1}^{n} (计价工程量 \times 人工消耗量 \times 人工单价)_i \right. \right.$$
$$+ \sum_{j=1}^{m} (计价工程量 \times 材料消耗量 \times 材料单价)_j$$
$$+ \sum_{k=1}^{p} (计价工程量 \times 机械台班消耗量 \times 台班单价)_k \bigg]_k$$
$$\times (1 + 管理费率 + 利润率) \right\} \div 清单工程量$$

2.2.8　装配式混凝土建筑工程量清单报价编制程序

上述装配式混凝土建筑工程造价计算数学模型,反映了编制装配式混凝土建筑工程量清单报价的本质特征,同时也反映了编制清单报价的步骤与方法。这些本质特征和步骤与方法,可以通过装配式混凝土建筑工程量清单报价编制程序来表述,如图 2-2 所示。

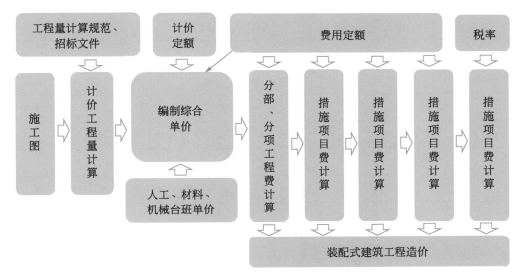

图 2-2　装配式混凝土建筑工程量清单报价编制程序示意图

思考

II

方 法 篇

3 现浇混凝土（构件）工程量计算

3.1 现浇独立基础工程量计算

3.1.1 基坑土方工程量计算

1. 基坑定义

凡坑长小于宽三倍以内且坑底面积在 $150m^2$ 以内为基坑，如图 3-1 所示。基坑土方按 m^3 计算工程量。

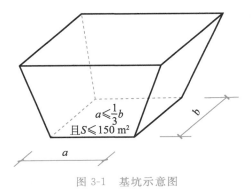

$$a \leqslant \frac{1}{3}b$$
$$且 S \leqslant 150 \ m^2$$

图 3-1　基坑示意图

2. 基坑放坡

挖基坑时，为了防止在施工中塌方，挖一定深度时，需要放坡，如图 3-2 所示。

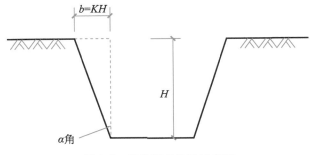

$b=KH$

H

α角

图 3-2　基坑断面放坡示意图

说明：

放坡系数 $K = b/H$，则放坡宽度 $b = KH$。

当放坡系数为0.50、挖土深度为2.0m时，放坡宽度

$$b = 0.50 \times 2.0 = 1.0 \text{(m)}$$

放坡系数 K 值是计算规则规定的，见表3-1。

表3-1　放坡系数表

土　壤　类　别	放坡起点/m	人工挖土	机　械　挖　土	
			在坑内作业	在坑上作业
一、二类土	1.20	1：0.5	1：0.33	1：0.75
三类土	1.50	1：0.33	1：0.25	1：0.67
四类土	2.00	1：0.25	1：0.10	1：0.33

注：1. 沟槽、基坑中土壤类别不同时，分别按其放坡起点，放坡系数，依不同土壤厚度加权平均计算。

　　2. 计算放坡时，在交接处的重复工程量不予扣除，原槽、坑作基础垫层时，放坡从垫层上表面开始计算。

3. 工程量计算公式

挖地坑土方公式

$$V = (a + 2c + KH)(b + 2c + KH)H + \frac{1}{3}K^2H^3$$

放坡基坑示意图如图3-3所示。

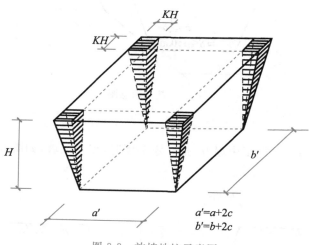

图3-3　放坡地坑示意图

4. 工程量计算示例

【例3-1】　某独立基础土方为四类土，混凝土基础垫层长和宽分别为2.00m和1.60m，基坑深2.10m，计算该基坑挖土方工程量（见图3-4）。

解：已知 $a = 2.00\text{m}$；$b = 1.60\text{m}$；$H = 2.10\text{m}$；$K = 0.25$（查表）；$c = 0.30$（查表）。

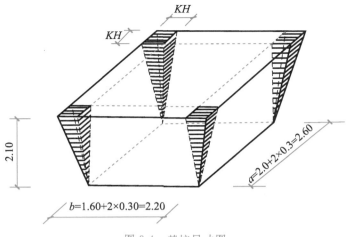

图 3-4 基坑尺寸图

$$V = (垫层长 + 2 \times 工作面 + KH)(垫层宽 + 2 \times 工作面 + KH)H + \frac{1}{3}k^2H^3$$

$$= (2.00 + 2 \times 0.30 + 0.25 \times 2.10) \times (1.60 + 2 \times 0.30 + 0.25 \times 2.10) \times 2.10$$

$$+ \frac{1}{3} \times 0.25^2 \times 2.10^3$$

$$= 3.125 \times 2.725 \times 2.10 + 0.193$$

$$\approx 18.08 (\text{m}^3)$$

3.1.2 现浇台阶式混凝土杯形基础工程量计算

1. 计算公式

$$V = 基础外形体积 - 杯口体积$$

$$= \sum 基础各层台阶体积 - \frac{1}{3} \times (S_1 + S_2 + \sqrt{S_1 \times S_2}) \times h$$

2. 台阶式杯形基础施工图

杯形基础施工图如图 3-5 和图 3-6 所示。

现浇钢筋混凝土杯形基础的工程量分四个部分计算：底部立方体，中部立方体，上部立方体，扣除杯口空心棱台体。

3. 工程量计算

【例 3-2】 根据图 3-5 和图 3-6 图示尺寸，计算其现浇混凝土杯形基础工程量。

解：

$$V = 基础外形体积 - 杯口体积$$

$$= \sum 基础各层台阶体积 - \frac{1}{3} \times (S_1 + S_2 + \sqrt{S_1 \times S_2}) \times h$$

$$= (2.7 \times 3.8 \times 0.4 + 2.0 \times 2.7 \times 0.4 + 1.3 \times 1.7 \times 0.5) - \frac{1}{3} \times (0.55 \times 0.95 + 0.5 \times$$

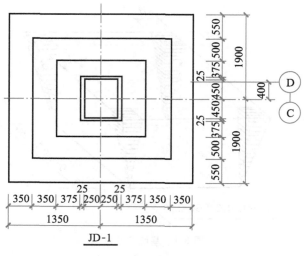

图 3-5 杯形基础平面图

$$0.9 + \sqrt{0.5225 \times 0.45}) \times 0.95$$

$$= 7.369 - \frac{1}{3} \times 1.4574 \times 0.95$$

$$= 7.369 - 0.4858 \times 0.95$$

$$\approx 7.369 - 0.4615 \approx 6.91 (m^3)$$

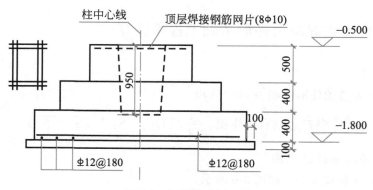

图 3-6 杯形基础剖面图

3.1.3 现浇四坡式混凝土杯形基础工程量计算

1. 四坡式混凝土杯形基础施工图

四坡式混凝土杯形基础施工图如图 3-7 所示。

2. 工程量计算

【例 3-3】 现浇钢筋混凝土四坡式杯形基础(见图 3-7)的工程量分四个部分计算:底部立方体,中部棱台体,上部立方体,扣除杯口空心棱台体。计算"杯形基础"工程量。

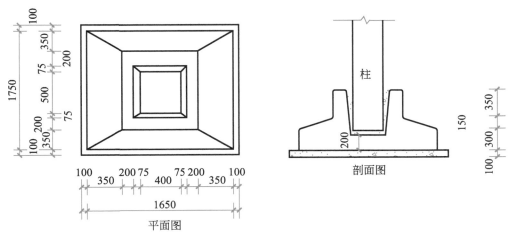

图 3-7　四坡式混凝土杯形基础示意图

$$V = 下部立方体 + 中部棱台体 + 上部立方体 - 杯口空心棱台体$$

$$= 1.65 \times 1.75 \times 0.30 + \frac{1}{3} \times 0.15 \times [1.65 \times 1.75 + 0.95 \times 1.05$$

$$+ \sqrt{(1.65 \times 1.75) \times (0.95 \times 1.05)}] + 0.95 \times 1.05 \times 0.35 - \frac{1}{3}$$

$$\times (0.8 - 0.2) \times [0.4 \times 0.5 + 0.55 \times 0.65 + \sqrt{(0.4 \times 0.5) \times (0.55 \times 0.65)}]$$

$$\approx 0.866 + 0.279 + 0.349 - 0.165 \approx 1.33 (\text{m}^3)$$

3.2　有肋带形基础工程量计算

3.2.1　有肋带形基础

1. 有肋带形基础示意图

有肋带形基础示意图如图 3-8 所示。

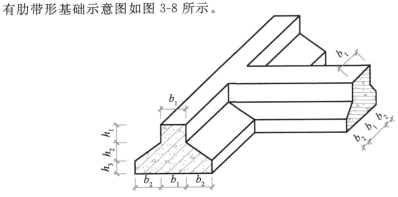

图 3-8　有肋带形基础示意图

2. 有肋带形基础 T 形接头示意图

有肋带形基础 T 形接头示意图如图 3-9 所示。

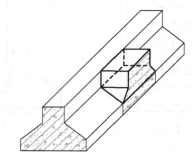

图 3-9　有肋带形基础 T 形接头示意图

3. T 形接头分解

将 T 形接头分解为可以采用体积公式计算的形状,如图 3-10 所示。

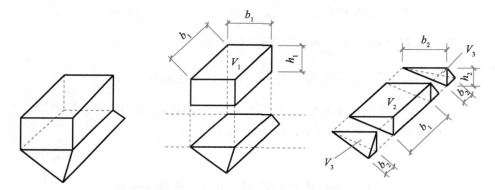

图 3-10　T 形接头分解为可以采用体积公式计算示意

3.2.2　T 形接头工程量计算

1. T 形接头工程量计算公式

$$V = V_1 + V_2 + 2 \times V_3$$

其中

$$V_1 = b_1 \times b_1 \times h_1$$

$$V_2 = h_2 \times b_2 \times \frac{1}{2} \times b_1$$

$$V_3 = h_2 \times b_2 \times \frac{1}{2} \times b_2 \times \frac{1}{3} \times 2$$

T 形接头处工程量 $= V_1 + V_2 + 2 \times V_3$

$$= b_1 \times h_1 \times b_1 + b_2 \times h_2 \times \frac{1}{2} \times b_1 + \frac{1}{3} \times b_2 \times h_2 \times b_2$$

2. T形接头工程量计算示例

【例 3-4】 计算图 3-11 的混凝土有肋带处基础 T 形接头处工程量。

解：

$$b_1 = 0.24 + 2 \times 0.08 = 0.40(\text{m})$$

$$b_2 = (1.00 - 0.40) \div 2 = 0.30(\text{m})$$

$$h_1 = 0.30(\text{m})$$

$$h_2 = 0.15(\text{m})$$

$$V = 2 \times \left(b_1 \times h_1 \times b_1 + b_2 \times h_2 \times \frac{1}{2} \times b_1 + \frac{1}{3} \times b_2 \times h_2 \times b_2 \right)$$

$$= 2 \times \left(0.40 \times 0.30 \times 0.40 + 0.30 \times 0.15 \times \frac{1}{2} \times 0.40 + \frac{1}{3} \times 0.30 \times 0.15 \times 0.30 \right)$$

$$= 2 \times 0.0615$$

$$= 0.123(\text{m}^3)$$

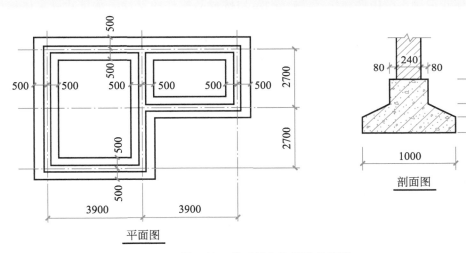

图 3-11 某工程有肋带形基础图

▮ 思考 ▮

4 装配式建筑工程量计算

4.1 工程量计算规则

4.1.1 装配式预制构件工程量计算规则

装配整体式混凝土结构件制作、运输、安装,均按成品构件的设计图示尺寸以实体积计算,依附于成品构件内的各类保温层、饰面层的体积并入相应构件安装中计算。不扣除构件内钢筋、预埋铁件、配管、套管、线盒等所占体积,构件外露钢筋体积也不再增加。

混凝土工程量除另有规定者外,均按设计图示尺寸以体积计算。不扣除构件内钢筋、预埋铁件、预埋螺栓所占体积。

4.1.2 部品部件工程量计算规则

装配式建筑部品部件工程量按设计说明和图示尺寸以套、个、组、部等自然计量单位计算,或者按 m、m²、m³ 等物理计量单位计算。

4.2 PC 预制混凝土柱工程量计算

4.2.1 工程量计算规则

PC 预制柱制运安工程量按图纸设计尺寸以体积计算(m³),不扣除构件内钢筋、铁件以及小于或等于 0.30m² 孔洞所占体积。

4.2.2 计算公式

PC 柱工程量＝柱断面长×柱断面宽×柱高－大于 0.30m² 孔洞所占体积

4.2.3 PC 柱图片

PC 柱图片见图 4-1～图 4-3。

图 4-1 PC 柱堆放与安装

图 4-2 PC 预制柱安装就位后灌浆

图 4-3 预制柱与叠合梁节点

4.2.4 PC 柱施工图

PC 柱施工图如图 4-4～图 4-6 所示。

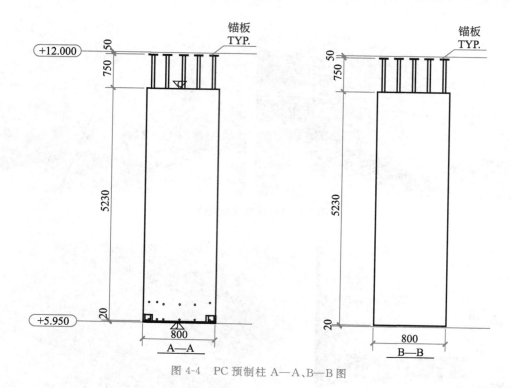

图 4-4　PC 预制柱 A—A、B—B 图

图 4-5　PC 预制柱 C—C 和 D—D 立面图

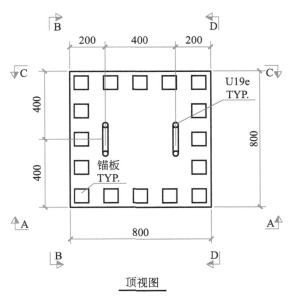

顶视图

图 4-6　PC 预制柱顶平面图

4.2.5　PC 柱工程量计算示例

【例 4-1】　根据图 4-4～图 4-6 计算 5 根 PC 柱工程量。

解：柱断面尺寸 800mm×800mm，柱高 5.23m，

$$
\begin{aligned}
PC\ 柱工程量 &= 柱断面长 \times 柱断面宽 \times 柱高 \\
&= 0.80 \times 0.80 \times 5.23 \times 5 \\
&= 3.347 \times 5 \\
&\approx 16.74(m^3)
\end{aligned}
$$

答：5 根 C30 混凝土 PC 柱工程量为 16.74m³。

4.3　PC 叠合梁工程量计算

4.3.1　工程量计算规则

　　PC 梁工程量按图纸设计尺寸以体积计算（m³），不扣除构件内钢筋、铁件以及小于或等于 0.30m² 孔洞所占体积。

4.3.2　计算公式

PC 叠合梁工程量 = 梁高 × 梁宽 × 梁长 − 槽口体积

4.3.3 PC 叠合梁图片

PC 叠合梁图片见图 4-7～图 4-9。

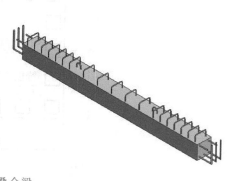

图 4-7　PC 叠合梁

图 4-8　PC 叠合梁吊装

图 4-9　PC 叠合梁与 PC 柱套筒连接

4.3.4 PC 叠合梁施工图

1. PC 叠合梁三维图

PC 叠合梁三维图如图 4-10 所示。

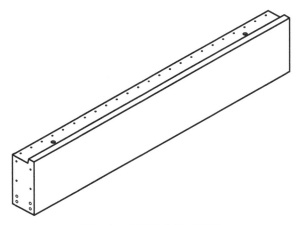

图 4-10　PC 叠合梁三维图

2. PC 叠合梁施工图

PC 叠合梁施工图如图 4-11 所示,节点图如图 4-12 所示。

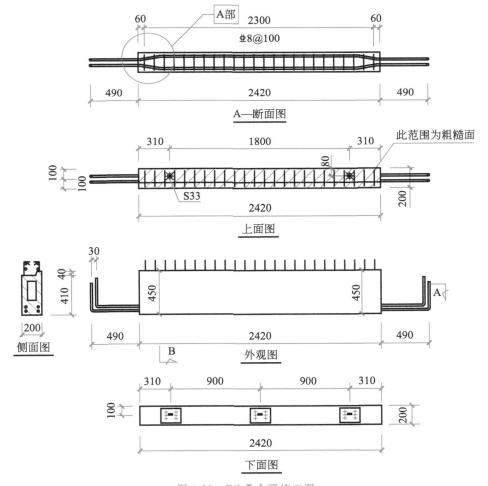

图 4-11　PC 叠合梁施工图

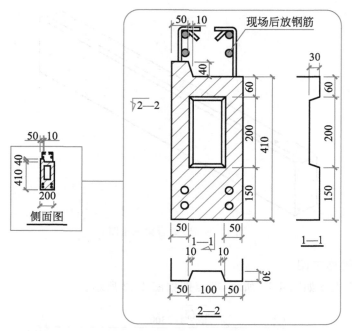

图 4-12　PC 叠合梁节点图

4.3.5　PC 叠合梁工程量计算示例

【例 4-2】　计算图 4-11 和图 4-12 中 8 根 C30 PC 叠合梁工程量。

解：梁高 0.45m，梁宽 0.20m，梁长 2.42m，梁端头槽口尺寸 200×100×30。

PC 叠合梁工程量 ＝梁高×梁宽×梁长＋上部线条－两端槽口体积
$$= [0.41×0.20×2.42＋(0.05＋0.01＋0.05)×0.5×0.04×2.42$$
$$－2×0.20×0.10×0.03]×8$$
$$≈(0.198＋0.005－0.001)×8$$
$$=0.202×8$$
$$≈1.62(m^3)$$

答：8 根 C30 PC 叠合梁工程量为 1.62m³。

4.4　PC 叠合板工程量计算

4.4.1　工程量计算规则

PC 叠合板按图纸设计尺寸以体积计算（m³），不扣除小于或等于 0.30m² 孔洞所占体积。

4.4.2 PC 叠合板图片

PC 叠合板图片如图 4-13 和图 4-14,PC 叠合板与现浇楼板示意图如图 4-15 所示。

图 4-13 PC 叠合板制作与堆放

图 4-14 PC 叠合板安装

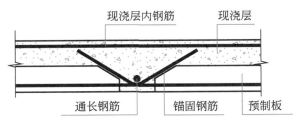

图 4-15 PC 叠合板与现浇楼板示意图

4.4.3 PC 叠合板施工图

PC 叠合板施工图见图 4-16。

4.4.4 PC 叠合板工程量计算公式

PC 叠合板工程量 = 板长 × 板宽 × 板厚 - 大于 0.30m² 孔洞所占体积

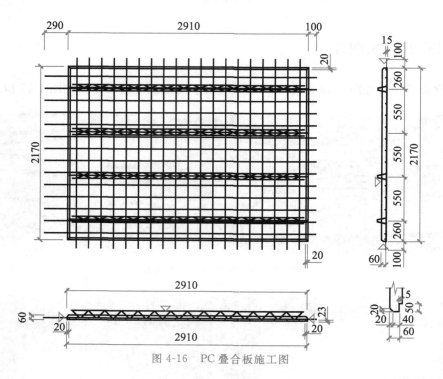

图 4-16　PC 叠合板施工图

4.4.5　叠合板工程量计算示例

【例 4-3】　计算图 4-16 中 15 块 C30 PC 叠合板工程量。

解：板长 2.91m，板宽 2.17m，板厚 0.06m（板边斜边忽略不计）。

$$V = 2.91 \times 2.17 \times 0.06 \times 15$$
$$\approx 0.3789 \times 15$$
$$\approx 5.68 (\text{m}^3)$$

答：15 块 C30 PC 叠合板工程量为 5.68m³。

4.5　PC 墙板工程量计算

4.5.1　工程量计算规则

PC 墙板工程量按图纸设计尺寸以体积计算（m³），不扣除构件内钢筋、铁件以及小于或等于 0.30m² 孔洞所占体积。

4.5.2　计算公式

PC 墙板工程量 =（板宽 × 板高 − 门窗及洞口面积）× 墙厚

4.5.3 PC 墙板图片

PC 墙板图片见图 4-17~图 4-22。

图 4-17 预制墙生产线

图 4-18 PC 工厂堆放预制墙

图 4-19 预制墙运输

图 4-20 预制墙吊装

图 4-21　PC 墙固定

图 4-22　PC 墙连接

4.5.4　PC 墙施工图

1. PC 墙板三维图

PC 墙板三维图如图 4-23 所示。

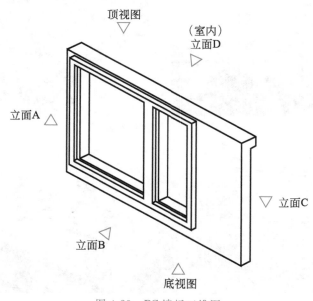

图 4-23　PC 墙板三维图

2. PC 墙施工图

PC 墙施工图如图 4-24 所示。

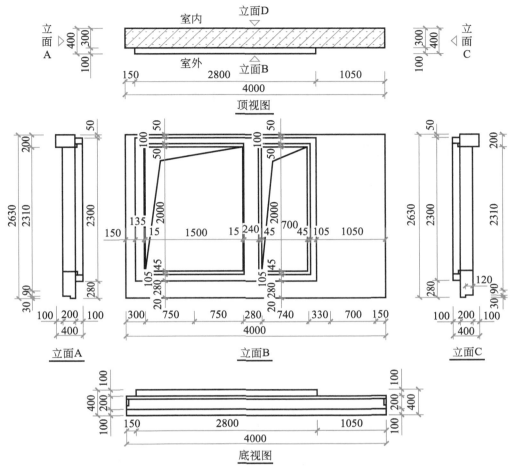

图 4-24　PC 墙施工图

4.5.5　PC 墙工程量计算示例

【例 4-4】　计算图 4-24 中 25 块 C30 混凝土 PC 墙板工程量。

解：

PC 墙板工程量＝（板宽×板高－门窗及洞口面积）×墙厚＋凸出墙厚部分体积－缺口体积

＝{墙板面积[（4.0×2.63）－窗洞口面积（1.50＋0.70）×2.0]×墙厚 0.20

＋窗框凸出外围体积[宽（1.5＋0.135＋2×0.015＋0.24＋2×0.045

＋0.70＋0.105）×高（2.0＋0.045＋0.105＋0.05＋0.10）－洞宽（1.5＋2

×0.015＋0.70＋2×0.045）×洞高（2.0＋0.045＋0.05）]×框厚 0.10

＋窗上框加厚体积（0.10×0.20×4.0）－缺口（0.12×0.03×4.0）}×25

＝{墙板体积（10.52－4.40）×0.20＋窗框凸出体积[（2.80×2.30）

$$- (2.32 \times 2.095)] \times 0.10 + 上框加厚\ 0.080 - 缺口\ 0.014\} \times 25$$
$$\approx (1.224 + 0.158 + 0.080 - 0.014) \times 25$$
$$\approx 36.20(\text{m}^3)$$

答：25 块 C30 混凝土 PC 墙板工程量为 36.20m³。

4.6　PC 楼梯工程量计算

4.6.1　工程量计算规则

PC 楼梯工程量按图纸设计尺寸以体积计算(m³)，不扣除构件内钢筋、铁件以及小于或等于 0.30m² 孔洞所占体积。

4.6.2　计算公式

PC 楼梯工程量＝侧截面面积×楼梯段宽－槽口体积

4.6.3　PC 楼梯图片

PC 楼梯段图片见图 4-25～图 4-30。

图 4-25　PC 楼梯段模具

图 4-26　PC 楼梯段脱模

图 4-27　PC 楼梯段厂内堆放

图 4-28　PC 楼梯段施工现场堆放

图 4-29　PC 楼梯段安装

图 4-30　PC 楼梯段就位

4.6.4　PC 楼梯施工图

PC 楼梯施工图如图 4-31 和图 4-32 所示。

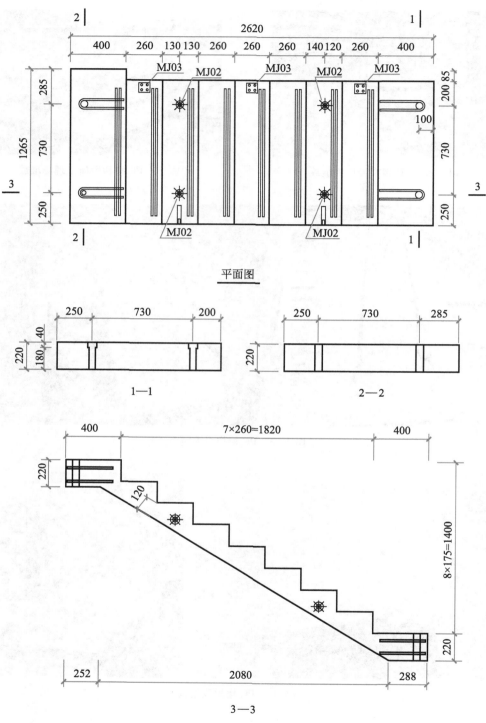

平面图

1—1

2—2

3—3

图 4-31   PC 楼梯施工图

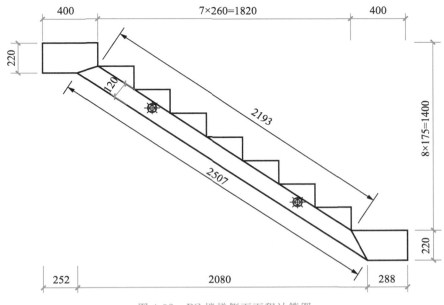

图 4-32 PC 楼梯侧面面积计算图

4.6.5 PC 楼梯工程量计算示例

【例 4-5】 计算图 4-31 和图 4-32 中 16 块 C30 混凝土 PC 楼梯工程量。

解：

PC 楼梯段工程量＝侧截面面积×楼梯段宽＋端头突出部分
　　　　　　　　　＋楼梯栏杆处止水带混凝土体积－端头内凹部分

① 楼梯段侧面面积(见图 4-32)＝两头面积＋梯板侧面积＋踏步三角形面积
　　　　　　　　　　＝上端头面积$(0.40+0.252)×0.5×(0.22-0.175)$
　　　　　　　　　　　＋$0.40×0.175$＋下端头面积$(0.40+0.288)×0.5×0.22$
　　　　　　　　　　　＋梯板侧面积$(2.193+2.507)×0.5×0.12$
　　　　　　　　　　　＋踏步侧面积$0.26×0.175×0.5×7$
　　　　　　　　　　≈$(0.0147+0.07)+0.0757+0.282+0.1593$
　　　　　　　　　　≈$0.602(m^2)$

② 楼梯一端突出部分体积＝$0.40×0.22×0.085$
　　　　　　　　　　　≈$0.007(m^3)$

楼梯工程量＝(①×梯段宽＋②)×16 块
　　　　　＝$[0.602×(0.25+0.73+0.285)+0.007]×16$
　　　　　≈$0.7685×16$
　　　　　≈$12.30(m^3)$

答：16 块 C30 混凝土 PC 楼梯工程量为 12.30m³。

4.7 PC 阳台板工程量计算

4.7.1 工程量计算规则

PC 阳台板工程量按图纸设计尺寸以体积计算（m³），不扣除构件内钢筋、铁件以及小于或等于 0.30m² 孔洞所占体积。

4.7.2 计算公式

PC 阳台板工程量 ＝ 底板体积 ＋ 侧板体积 － 大于 0.30m² 孔洞所占体积

4.7.3 PC 阳台板图片

PC 阳台板图片见图 4-33～图 4-37。

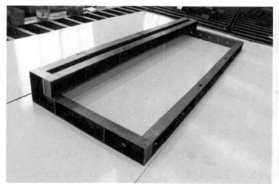

图 4-33 PC 阳台板与模具

图 4-34 工厂预制阳台板

图 4-35　现场堆放的 PC 阳台板

图 4-36　PC 阳台板吊装

图 4-37　安装好的阳台板

4.7.4　PC 阳台板施工图

1. PC 阳台板三维图

PC 阳台板三维图如图 4-38 所示。

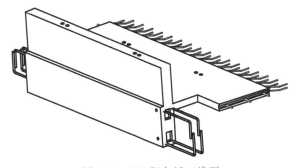

图 4-38　PC 阳台板三维图

2. PC 阳台板施工图

PC 阳台板施工图如图 4-39～图 4-41 所示。

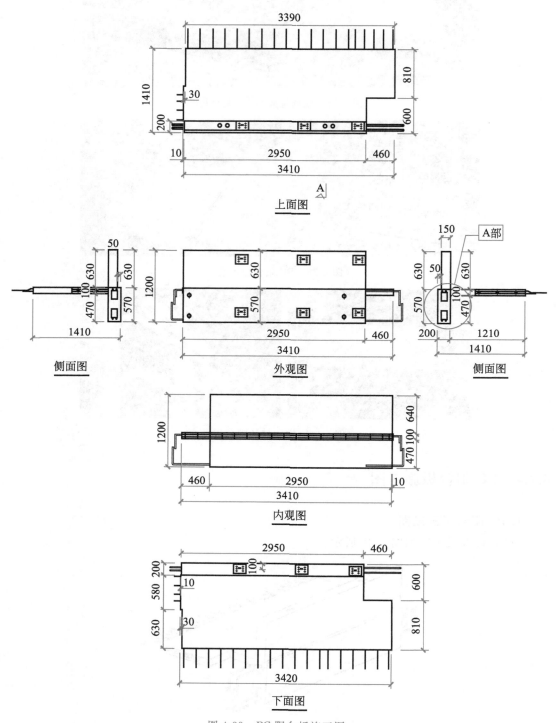

图 4-39 PC 阳台板施工图

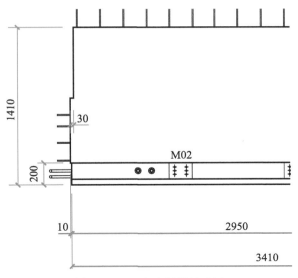

图 4-40　PC 阳台局部尺寸图

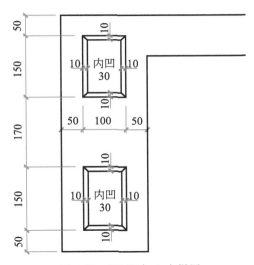

图 4-41　PC 阳台 A 大样图

4.7.5　PC 阳台板工程量计算示例

【例 4-6】　计算图 4-39～图 4-41 中 9 块 C30 混凝土 PC 阳台板工程量。

PC 阳台板工程量＝底板体积＋上侧板体积＋边梁体积－端头凹槽体积

① 底板体积＝[(2.95＋0.01)×(1.41－0.20)－(0.03×0.63＋0.01×0.20)＋(0.46
　　　　　×0.81)]×0.10

　　　　　＝(3.582－0.021＋0.373)×0.10

　　　　　＝3.934×0.10

　　　　　≈0.393(m³)

② 上外侧板体积＝长 2.95×高 0.63×厚 0.15

≈ 0.279（m³）

③ 边梁体积＝长 2.95×高 0.57×厚 0.20

≈ 0.336（m³）

④ 端头凹槽体积＝0.15×0.10×0.03×4

≈ 0.002（m³）

PC 阳台板体积＝（①＋②＋③－④）×9

＝（0.393＋0.279＋0.336－0.002）×9

＝1.006×9

≈ 9.05（m³）

答：9 块 C30 混凝土 PC 阳台板工程量为 9.05m³。

旋递进反复练习工程量计算，才是提升技能水平的根本出路。

■ 思考

5 装配式混凝土建筑后浇段工程量计算

5.1 概　　述

5.1.1 工程量计算规则

后浇混凝土浇捣工程量按设计图示尺寸以实际体积计算,不扣除混凝土内钢筋、预埋件及单个面积小于 $0.3m^2$ 的孔洞所占的体积。后浇混凝土的体积计算主要包括连接 PC 墙、连接 PC 柱的后浇段,PC 叠合剪力墙、PC 叠合梁、PC 叠合板的后浇段,梁、柱的接头部分;PC 剪力键(槽)的混凝土体积不计算在内,计算工程量小数点后保留 3 位有效数字。

5.1.2 后浇混凝土接头类型

PC 墙的后浇混凝土接头有很多种类,主要包括 PC 墙的竖向接缝构造、PC 墙的水平接缝构造、连梁及楼面梁与 PC 墙的连接构造。

连接墙、柱的接缝相对比较规整,截面以矩形为主,组合面通常存在于拐角处,后浇混凝土的工程量计算较简单。

5.2 PC 墙的竖向接缝混凝土工程量计算

5.2.1 计算规则

PC 墙的竖向接缝后浇混凝土工程量,不扣除混凝土内钢筋、预埋件及单个面积小于 $0.3m^2$ 的孔洞所占的体积。

竖向接缝无孔洞且规整,不考虑剪力键混凝土的体积。

5.2.2 计算方法与举例

1. 计算方法一

PC 墙的竖向接缝后浇混凝土体积＝墙厚×接缝宽度×接缝上、下标高高差,计算公

式为

$$V = b_\mathrm{w} \times l_\mathrm{E} \times \Delta h_\mathrm{V}$$

式中：b_w——PC 墙厚度(m)；

  l_E——接缝宽度(m)；

  Δh_V——竖向接缝上、下标高高差(m)。

2. 计算方法一举例

【**例 5-1**】 某装配式建筑工程 PC 剪力墙厚 200mm，抗震等级为 3 级，混凝土强度等级为 C35，剪力墙接头的标高范围为±0.000～4.200m，根据图 5-1，计算该剪力墙竖向接缝的后浇混凝土体积(图 5-2)。

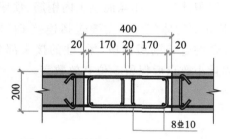

图 5-1 预制剪力墙的竖向接缝详图

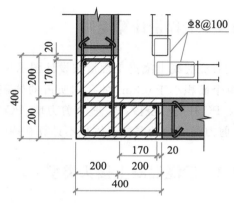

图 5-2 剪力墙在转角墙处的竖向接缝详图

解：

$$V = b_\mathrm{w} \times l_\mathrm{E} \times \Delta h_\mathrm{V}$$
$$= 0.2 \times 0.4 \times (4.200 - 0.000) = 0.336(\mathrm{m}^3)$$

答：该 PC 剪力墙接竖向缝后浇混凝土体积为 0.336m³。

3. 计算方法二

当接缝无孔洞，且规整和墙厚相同时，PC 剪力墙后浇混凝土体积＝墙厚×接缝中线长×接缝上、下标高高差，其计算公式为

$$V = b_\mathrm{w} \times l_\mathrm{中} \times \Delta h_\mathrm{V}$$

式中：b_w——PC 墙厚度(m)；

  $l_\mathrm{中}$——接缝中线长度(m)；

  Δh_V——竖向接缝上、下标高高差(m)。

4. 计算方法二举例

【**例 5-2**】 某装配式建筑工程 PC 剪力墙厚 200mm，抗震等级为 3 级，混凝土强度等级为 C35，剪力墙在转角墙处的竖向接缝详图如图 5-2 所示，剪力墙接头的标高范围为±0.000～4.200m，计算该剪力墙竖向接缝的后浇混凝土体积。

解：

$$V = b_w \times l_{中} \times \Delta h_V = 0.2 \times [(0.4 - 0.1) + (0.4 - 0.1)] \times (4.200 - 0.000) = 0.504 (m^3)$$

答：该剪力墙竖向接缝的后浇混凝土体积为 $0.504 m^3$。

5.3 PC 墙的水平接缝混凝土工程量计算

5.3.1 水平接缝后浇混凝土类型

1. 墙厚相同

水平接缝上、下预制剪力墙厚度相同时（见图 5-3），水平后浇混凝土的体积计算公式为

墙厚 × 接缝上、下墙宽 × 后浇段标高高差

2. 墙厚不同

若接缝上、下预制墙的厚度发生变化时（见图 5-4），后浇混凝土的厚度为上、下预制墙墙厚的大值。

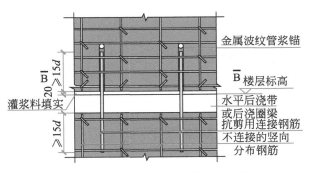

图 5-3　预制墙水平接缝墙厚无变化

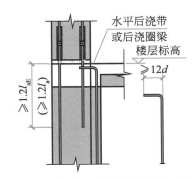

图 5-4　预制墙水平接缝墙厚有变化

3. 后浇段位于顶层

当后浇段位于顶层时（见图 5-5），后浇段的墙厚无变化。

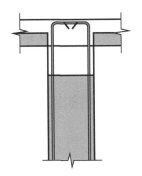

图 5-5　后浇段位于顶层时

5.3.2 水平接缝后浇混凝土工程量计算方法

1. 计算方法与计算公式

水平后浇混凝土的体积计算方法墙厚(墙厚的大值)×接缝上、下墙宽×后浇段上、下标高高差,其计算公式为

$$V = b_w \times l_w \times \Delta h_H$$

式中:b_w——接缝上、下预制墙厚度的大值(m),若相等则取墙厚;

l_w——预制墙的宽度(m);

Δh_H——水平接缝上、下标高高差(m)。

2. 计算举例

【例 5-3】 某装配式建筑工程剪力墙厚 200mm,接缝上、下墙厚相同,预制墙的宽度为 2700mm,抗震等级为 3 级,混凝土强度等级为 C35,剪力墙在转角墙处的竖向接缝详图如图 5-6 所示,剪力墙接头的标高范围为 4.000~4.200m,计算该水平接缝的后浇段混凝土体积。

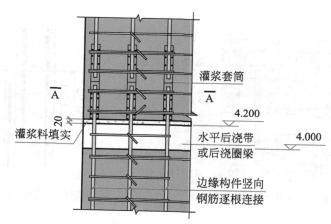

图 5-6 预制墙边缘构件的水平接缝构造大样(套筒灌浆连接)

解:剪力墙的水平接缝较为规整,且上、下墙厚相同。

$$V = b_w \times l_w \times \Delta h_H = 0.200 \times 2.700 \times (4.200 - 4.000) = 0.108(\text{m}^3)$$

答:水平后浇段混凝土的体积为 0.108m³。

5.3.3 预制(现浇)梁与预制墙的连接混凝土工程量计算

1. 计算方法

预制梁(或现浇梁)与预制墙的连接(见图 5-7),后浇混凝土的体积计算主要包括两个部分,水平后浇圈梁的体积和预制墙的缺口部分。后浇混凝土的体积计算公式为

$$V = V_1 + V_2$$
$$V_1 = b \times \Delta h \times l;$$
$$V_2 = b_w \times h'_w \times l'_w$$

式中：V_1——水平后浇圈梁（带）的体积；

b——水平后浇圈梁（带）的宽度；

Δh——水平后浇圈梁（带）的高度，即水平后浇圈梁（带）的标高高差；

l——水平后浇圈梁（带）的长度；

V_2——预制墙缺口的混凝土体积；

b_w——预制墙缺口的厚度；

h'_w——预制墙缺口的高度；

l'_w——预制墙缺口的长度。

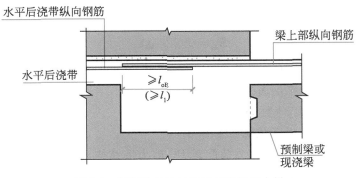

图 5-7　预制梁与缺口墙的接缝构造大样

2. 计算举例

【例 5-4】　已知某装配式混凝土建筑工程预制梁与缺口墙的接缝构造详图（见图 5-8），剪力墙的墙厚为 200mm，缺口墙的尺寸为 600mm×300mm，后浇圈梁的截面为 300mm×300mm，后浇圈梁的长度为 1200mm。计算后浇段的混凝土体积。

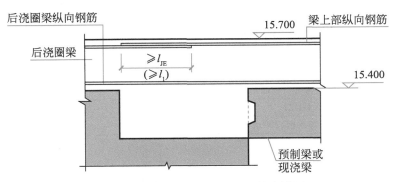

图 5-8　预制梁与缺口墙的接缝构造详图

解： 预制梁与缺口的接缝混凝土的体积主要由圈梁和后浇带两部分构成。

$$V = V_1 + V_2 = 0.3 \times 0.3 \times 1.2 + 0.6 \times 0.3 \times 0.2 = 0.144 (\text{m}^3)$$

答:剪力墙水平接缝混凝土后浇段体积为 0.144m³。

5.3.4 后浇段模板工程量计算

1. 计算规则

后浇段混凝土模板工程量按后浇混凝土与模板接触面的面积以 m² 计算,伸出后浇混凝土与预制构件抱合部分的模板面积不增加计算。不扣除单孔面积小于 0.3m² 的孔洞,洞侧壁模板也不增加,应扣除单孔面积大于 0.3m² 的孔洞,孔洞侧壁模板面积应并入相应的墙、板模板工程量内计算。

2. 竖向接缝模板工程量计算方法

竖向接缝无孔洞且规整,伸出后浇混凝土与预制构件抱合部分的模板面积不增加计算,竖向接缝后浇段模板工程量的计算方法为:竖向接缝水平剖面外露周长×接缝上、下标高高差,即

$$S_后 = L_总 \times \Delta h_V$$

式中:$S_后$——后浇混凝土模板面积(m²);

$L_总$——竖向接缝水平剖面外露周长(m);

Δh_V——竖向接缝上、下标高高差(m)。

3. PC 墙竖向接缝模板工程量计算举例

【例 5-5】 某装配式建筑工程为装配式 PC 剪力墙结构,抗震等级为三级,环境类别为二 b,剪力墙墙厚 200mm,根据表 5-1 计算剪力墙的后浇段模板工程量。

表 5-1 PC 剪力墙的后浇段配筋表

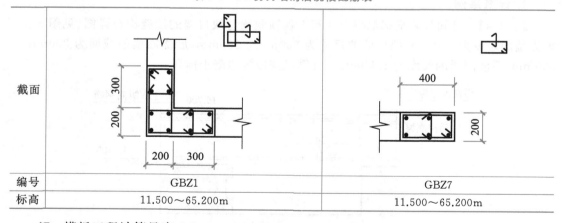

截面		
编号	GBZ1	GBZ7
标高	11.500~65.200m	11.500~65.200m

解:模板工程计算见表 5-2。

表 5-2 模板工程量计算

后浇段编号	模板工程量计算式
GBZ1	$(0.5+0.5+0.3+0.3) \times (65.2-11.5) = 85.92(\text{m}^2)$
GBZ7	$(0.4+0.2+0.4) \times (65.2-11.5) = 53.7(\text{m}^2)$

4. PC 墙水平接缝模板工程量计算方法

PC 墙水平接缝模板面积主要为后浇混凝土竖向外露的面积,相同宽度的预制墙进行连接时,水平后浇模板面积的计算方法为:墙宽×后浇段标高高差,即

$$S_后 = l_w \times \Delta h_H$$

式中:$S_后$——后浇混凝土模板面积(m^2);

   l_w——预制墙墙宽(m);

   Δh_H——水平接缝上下标高高差(m)。

5. 预制墙水平接缝模板工程量计算举例

【例 5-6】 某装配式建筑工程剪力墙厚 200mm,接缝上、下墙厚相同,预制墙的宽度为 2700mm,抗震等级为三级,混凝土强度等级为 C35,剪力墙在转角墙处的竖向接缝详图如图 5-2 所示,剪力墙接头的标高范围为 4.000~4.200m,计算该水平接缝(见图 5-9)的模板工程量。

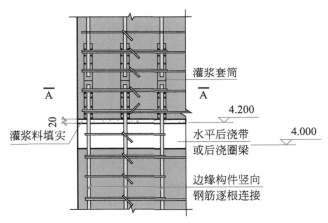

图 5-9 预制墙边缘构件的水平接缝构造大样(套筒灌浆连接)

解:水平接缝的模板工程量为

$$S_后 = l_w \times \Delta h_H = 2.70 \times 0.2 \times 2 = 1.08(\text{m}^2)$$

答:该水平接缝的模板工程量为 1.08m^2。

思考

6 工程单价编制

6.1 概　述

6.1.1 工程单价的概念

工程单价也称工程基价或定额基价。工程单价是计算定额直接费、编制综合单价、调整材料价差、调增人工费等的依据。

6.1.2 工程单价的组成

工程单价由人工费、材料费、机具使用费组成。定额人工费是定额用工消耗量乘以人工工日单价计算而成;定额材料费是材料各定额消耗量,分别乘以对应的材料单价汇总而成;定额机具费是定额各台班消耗量,分别乘以对应的台班单价计算后汇总而成。

6.2 人工单价编制

6.2.1 人工单价的概念

人工单价是指工人一个工作日应该得到的劳动报酬。一个工作日一般指工作 8 小时。

6.2.2 人工单价的内容

人工单价一般包括基本工资、工资性津贴、养老保险费、失业保险费、医疗保险费、住房公积金等。

基本工资是指完成基本工作内容所得的劳动报酬。

工资性津贴是指流动施工津贴、交通补贴、物价补贴、煤(燃)气补贴等。

养老保险费、失业保险费、医疗保险费、住房公积金分别是指工人在工作期间交养老保险、失业保险、医疗保险、住房公积金所发生的费用。

6.2.3　人工单价的编制方法

人工单价的编制方法主要有以下三种。

1. 根据劳务市场行情确定人工单价

目前,根据劳务市场行情确定人工单价已经成为计算工程劳务费的主流,采用这种方法确定人工单价应注意以下几个问题。

(1)要尽可能掌握劳动力市场价格中长期历史资料,这使以后采用数学模型预测人工单价将成为可能。

(2)在确定人工单价时要考虑用工的季节性变化。当大量聘用农民工时,要考虑农忙季节时人工单价的变化。

(3)在确定人工单价时要采用加权平均的方法综合各劳务市场或各劳务队伍的劳动力单价。

(4)要分析拟建工程的工期对人工单价的影响。如果工期紧,那么人工单价按正常情况确定后要乘以大于 1 的系数。如果工期有拖长的可能,那么也要考虑工期延长带来的风险。

根据劳务市场行情确定人工单价的数学模型描述如下:

$$人工单价 = \sum_{i=1}^{n}(某劳务市场人工单价 \times 权重)_i \times 季节变化系数 \times 工期风险系数$$

【例 6-1】　据市场调查取得的资料分析,抹灰工在劳务市场的价格分别是:甲劳务市场 180 元/工日,乙劳务市场 190 元/工日,丙劳务市场 175 元/工日。调查结果表明,各劳务市场可提供抹灰工的用工比例分别为,甲劳务市场为 40%,乙劳务市场为 26%,丙劳务市场为 34%,当季节变化系数、工期风险系数均为 1 时,试计算抹灰工的人工单价。

解:

$$抹灰工人工单价 = (180 \times 40\% + 190 \times 26\% + 175 \times 34\%) \times 1 \times 1$$
$$= 180.90(元/工日)$$

答:抹灰工人工单价为 180.90 元/工日。

2. 根据以往承包工程的情况确定

如果本地以往承包过同类工程,可以根据以往承包工程的情况确定人工单价。

例如,以往在某地区承包过三个与拟建工程基本相同的工程,砖工每个工日支付了 195.00～200.00 元,这时就可以进行具体对比分析,在上述范围内(或超过一点范围)确定投标报价的砖工人工单价。

3. 根据预算定额规定的工日单价确定

凡是分部分项工程项目含有基价的预算定额,都明确规定了人工单价,可以以此为依据确定拟投标工程的人工单价。

例如,某省预算定额,土建工程的技术工人平均每个工日为 188.00 元,可以根据市场行情在此基础上乘以 1.2～1.6 的系数,确定拟投标工程的人工单价。

6.3 材料单价编制

6.3.1 材料单价的概念

材料单价是指材料从采购、起运到工地仓库或堆放场地后的出库价格，一般包括原价、运杂费、采购及保管费。

6.3.2 材料单价的费用构成

由于其采购和供货方式不同，构成材料单价的费用也不相同。一般有以下几种。

1. 材料供货到工地现场

当材料供应商将材料供货到施工现场或施工现场的仓库时，材料单价由材料原价、采购保管费构成。

2. 在供货地点采购材料

当需要派人到供货地点采购材料时，材料单价由材料原价、运杂费、采购保管费构成。

3. 需二次加工的材料

当某些材料采购回来后，还需要进一步加工的，材料单价除了上述费用外，还包括二次加工费。

6.3.3 材料原价的确定

材料原价是指付给材料供应商的材料单价。当某种材料有两个或两个以上的材料供应商供货且材料原价不同时，要计算加权平均材料原价。

加权平均材料原价的计算公式为

$$加权平均材料原价 = \frac{\sum_{i=1}^{n}(材料原价 \times 材料数量)_i}{\sum_{i=1}^{n}(材料数量)_i}$$

式中：i——不同的材料供应商，包装费及手续费均已包含在材料原价中。

【例 6-2】 某工地所需的三星牌墙面面砖由三个材料供应商供货，其数量和原价见表 6-1，试计算墙面砖的加权平均原价。

解：

$$墙面砖加权平均原价 = \frac{68 \times 1500 + 64 \times 800 + 71 \times 730}{1500 + 800 + 730}$$

$$= \frac{205030}{3030} \approx 67.67(元/m^2)$$

表 6-1 墙面砖的加权平均原价计算表

供应商	面砖数量/m²	供货单价/(元/m²)
甲	1500	68.00
乙	800	64.00
丙	730	71.00

6.3.4 材料运杂费计算

材料运杂费是指在材料采购后运至工地现场或仓库所发生的各项费用,包括装卸费、运输费和合理的运输损耗费等。

材料装卸费按行业市场价支付。

材料运输费按行业运输价格计算,若供货来源地点不同且供货数量不同时,需要计算加权平均运输费,其计算公式为

$$加权平均运输费 = \frac{\sum_{i=1}^{n}(运输单价 \times 材料数量)_i}{\sum_{i=1}^{n}(材料数量)_i}$$

材料运输损耗费是指在运输和装卸材料过程中,不可避免产生的损耗所发生的费用,一般按下列公式计算:

$$材料运输损耗费 = (材料原价 + 装卸费 + 运输费) \times 运输损耗率$$

【例 6-3】 例 6-2 中墙面砖由三个地点供货,根据表 6-2 计算墙面砖运杂费。

表 6-2 墙面砖运杂费计算表

供货地点	面砖数量/m²	运输单价/(元/m²)	装卸费/(元/m²)	运输损耗率/%
甲	1500	1.10	0.50	1
乙	800	1.60	0.55	1
丙	730	1.40	0.65	1

解:(1)计算加权平均装卸费

$$墙面砖加权平均装卸费 = \frac{0.50 \times 1500 + 0.55 \times 800 + 0.65 \times 730}{1500 + 800 + 730}$$

$$= \frac{1664.5}{3030} \approx 0.55(元/m^2)$$

(2)计算加权平均运输费

$$墙面砖加权平均运输费 = \frac{1.10 \times 1500 + 1.60 \times 800 + 1.40 \times 730}{1500 + 800 + 730}$$

$$= \frac{3952}{3030} \approx 1.30(元/m^2)$$

（3）计算运输损耗费

$$墙面砖运输损耗费 = （材料原价 + 装卸费 + 运输费）× 运输损耗率$$
$$= （67.67 + 0.55 + 1.30）× 1\% ≈ 0.70（元/m^2）$$

（4）运杂费小计

$$墙面砖运杂费 = 装卸费 + 运输费 + 运输损耗费$$
$$= 0.55 + 1.30 + 0.70 = 2.55（元/m^2）$$

6.3.5　材料采购保管费计算

材料采购保管费是指施工企业在组织采购材料和保管材料过程中发生的各项费用，包括采购人员的工资、差旅交通费、通信费、业务费、仓库保管费等费用。

采购保管费一般按前面计算的与材料有关的各项费用之和乘以一定的费率计算。费率通常取 $1\% \sim 3\%$。计算公式为

$$材料采购保管费 = （材料原价 + 运杂费）× 采购保管费率$$

【例 6-4】　例 6-2 和例 6-3 中墙面砖的采购保管费率为 2%，根据前面墙面砖的两项计算结果，计算其采购保管费。

解：

$$墙面砖采购保管费 = （67.67 + 2.55）× 2\% = 70.22 × 2\% ≈ 1.40（元/m^2）$$

6.3.6　材料单价确定

通过上述分析可知材料单价的计算公式为

$$材料单价 = \frac{加权平均}{材料原价} ÷ \frac{加权平均}{材料运杂费} + 采购保管费$$

或

$$材料单价 = \left（\frac{加权平均}{材料原价} + \frac{加权平均}{材料运杂费}\right）×（1 + 采购保管费率）$$

【例 6-5】　根据例 6-2～例 6-4 计算出的结果，汇总成材料单价。

解：

$$墙面砖材料单价 = 67.67 + 2.55 + 1.40 = 71.62（元/m^2）$$

6.4　机械台班单价编制

6.4.1　机械台班单价的概念

机械台班单价是指在单位工作班中为使机械（机具）正常运转所分摊和支出的各项费用。

6.4.2 机械台班单价的费用构成

按有关规定机械台班单价由七项费用构成。这些费用按其性质划分为第一类费用和第二类费用。

1. 第一类费用

第一类费用又称不变费用,是指属于分摊性质的费用,包括折旧费、大修理费、经常修理费、安拆费及场外运输费。

2. 第二类费用

第二类费用又称可变费用,是指属于支出性质的费用,包括燃料动力费、人工费、养路费及车船使用税。

6.4.3 第一类费用计算

从简化计算的角度出发,提出以下计算方法。

1. 折旧费

$$台班折旧费 = \frac{购置机械全部费用 \times (1 - 残值率)}{耐用总台班}$$

式中:购置机械全部费用——机械从购买地运到施工单位所在地发生的全部费用,包括原价、购置税、保险费及牌照费、运费等。

耐用总台班计算方法为

$$耐用总台班 = 预计使用年限 \times 年工作台班$$

机械设备的预计使用年限和年工作台班可参照有关部门指导性意见,也可根据实际情况自主确定。

【例 6-6】 5t 载货汽车的成交价为 75000 元,购置附加税税率为 10%,运杂费为 2000元,耐用总台班为 2000 个,残值率为 3%,试计算台班折旧费。

解:

$$\begin{matrix}5t\,载货汽车\\台班折旧费\end{matrix} = \frac{[75000 \times (1 + 10\%) + 2000] \times (1 - 3\%)}{2000} = \frac{81965}{2000} \approx 40.98(元 / 台班)$$

2. 大修理费

大修理费是指机械设备按规定到了大修理间隔,台班需进行大修理,以恢复正常使用功能所需支出的费用。计算公式为

$$台班大修理费 = \frac{一次大修理费 \times (大修理周期 - 1)}{耐用总台班}$$

【例 6-7】 5t 载货汽车一次大修理费为 8700 元,大修理周期为 4 个,耐用总台班为 1000 个,试计算台班大修理费。

解：

$$5t\,载货汽车台班大修理费 = \frac{8700 \times (4-1)}{2000} = \frac{26100}{2000} = 13.05(元/台班)$$

3. 经常修理费

经常修理费是指机械设备除大修理外的各级保养及临时故障所需支出的费用,包括为保障机械正常运转所需替换设备,随机配置的工具、附具的摊销及维护费用,机械正常运转及日常保养所需润滑、擦拭材料费用和机械停置期间的维护保养费用等。

台班经常修理费可以用下列简化公式计算:

$$台班经常修理费 = 台班大修理费 \times 经常修理费系数$$

【例 6-8】 经测算 5t 载货汽车的台班经常修理费系数为 5.41,按计算出的 5t 载货汽车大修理费和计算公式,计算台班经常修理费。

解：

$$5t\,载货汽车台班经常修理费 = 13.05 \times 5.41 \approx 70.60(元/台班)$$

4. 安拆费及场外运输费

安拆费是指机械在施工现场进行安装、拆卸所需人工、材料、机械费和试运转费,以及机械辅助设施(如行走轨道、枕木等)的折旧、搭设、拆除费用。

场外运输费是指机械整体或分体自停置地点运至施工现场或由一工地运至另一工地的运输、装卸、辅助材料以及架线费用。

两项费用在实际工作中可以采用两种方法计算。一种是当发生时在工程报价中已经计算了这些费用,那么编制机械台班单价就不再计算。另一种是根据往年发生费用的年平均数除以年工作台班计算。计算公式为

$$台班安拆及场外运输费 = \frac{历年统计安拆费及场外运输费的年平均数}{年工作台班}$$

【例 6-9】 6t 内塔式起重机(行走式)的历年统计安拆及场外运输费的年平均数为 9870 元,年工作台班为 280 个。试求台班安拆及场外运输费。

解：

$$台班安拆及场外运输费 = \frac{9870}{280} = 35.25(元/台班)$$

6.4.4 第二类费用计算

1. 燃料动力费

燃料动力费是指机械设备在运转中所耗用的各种燃料、电力、风力等的费用。计算公式为

$$台班燃料动力费 = \frac{每台班耗用的}{燃料或动力数量} \times 燃料或动力单价$$

【例 6-10】 5t 载货汽车每台班耗用汽油 31.66kg,每 kg 汽油单价 3.15 元,求台班燃料费。

解:

$$台班燃料费 = 31.66 \times 3.15 \approx 99.72(元 / 台班)$$

2. 人工费

人工费是指机上司机、司炉和其他操作人员的工日工资。计算公式为

$$台班人工费 = 机上操作人员人工工日数 \times 人工单价$$

【例 6-11】 5t 载货汽车每个台班的机上操作人员工日数为 1 个工日,人工单价为 135 元,求台班人工费。

解:

$$台班人工费 = 135.00 \times 1 = 135.00(元 / 台班)$$

3. 养路费及车船使用税

养路费及车船使用税是指按国家规定应缴纳的机动车养路费、车船使用税、保险费及年检费。计算公式为

$$\begin{aligned}台班养路费及车船使用税 &= \frac{核定吨位 \times \{养路费[元/(t \cdot 月)] \times 12 + 车船使用税[元/(t \cdot 年)]\}}{年工作台班} \\ &+ 保险费及年检费\end{aligned}$$

式中:

$$保险费及年检费 = \frac{年保险费及年检费}{年工作台班}$$

【例 6-12】 5t 载货汽车每月每吨应缴纳养路费为 80 元,每年应缴纳车船使用税为 40 元/t,年工作台班 250 个,5t 载货汽车年缴保险费、年检费共计 2000 元,试计算台班养路费及车船使用税。

解:

$$\begin{aligned}台班养路费及车船使用税 &= \frac{5 \times (80 \times 12 + 40)}{250} + \frac{2000}{250} = \frac{5000}{250} + \frac{2000}{250} \\ &= 20.00 + 8.00 = 28.00(元 / 台班)\end{aligned}$$

6.4.5 机械台班单价计算实例

将例 6-6~例 6-12 计算 5t 载货汽车台班单价的计算过程汇总成台班单价计算表,见表 6-3。

表6-3 机械台班单价计算表

项 目			5t 载货汽车	
台班单价	单位	金额	计算式	
	元	387.35	$124.63+262.72=387.35$	
第一类费用	折旧费	元	40.98	$\dfrac{[75000\times(1+10\%)+2000]\times(1-3\%)}{2000}\approx40.98$
	大修理费	元	13.05	$\dfrac{8700\times(4-1)}{2000}=13.05$
	经常修理费	元	70.60	$13.05\times5.41\approx70.60$
	安拆及场外运输费	元	—	—
小 计		元	124.63	
第二类费用	燃料动力费	元	99.72	$31.66\times3.15\approx99.72$
	人工费	元	135.00	$135.00\times1=135.00$
	养路费及车船使用税	元	28.00	$\dfrac{5\times(80\times12+40)}{250}+\dfrac{2000}{250}=28.00$
小 计		元	262.72	

▬ 思考 ▬

7 综合单价编制

7.1 综合单价概述

7.1.1 综合单价的概念

根据《建设工程工程量清单计价规范》(GB 50500—2013)规定,综合单价是指完成一个规定清单项目所需的人工费、材料和工程设备费、施工机具使用费和企业管理费、利润以及一定范围内的风险费用。综合单价分析表见表7-1。

表 7-1 综合单价分析表

工程名称:　　　　　　　　标段:　　　　　　　　第 页 共 页

项目编码				项目名称				计量单位			
清单综合单价组成明细											
定额编号	定额项目名称	定额单位	数量	单价/元				合价/元			
				人工费	材料费	机械费	管理费和利润	人工费	材料费	机械费	管理费和利润
人工单价			小　计								
元/工日			未计价材料费								
清单项目综合单价											

材料费明细	主要材料名称、规格、型号					单位	数量	单价/元	合价/元	暂估单价/元	暂估合价/元
	其他材料费							—		—	
	材料费小计							—		—	

人工费、材料和工程设备费、施工机具使用费是根据相关的计价定额、市场价格、工程造价管理机构发布的造价信息来确定的。企业管理费、利润是根据项目所在地造价管理部分发布的文件规定计算的;一定范围内的风险费用是指隐含于已标价工程量清单综合单价中,用于化解发承包双方在工程合同中约定内容和范围内的市场价格波动风险的费用;利润是指承包人完成合同工程获得的盈利。

7.1.2　综合单价的作用

综合单价是计算招标控制价或投标报价分部分项工程费的依据。分部分项工程费的计算公式为

$$分部分项工程费 = \sum 分部分项工程量 \times 综合单价$$

7.1.3　综合单价中费用分类

根据综合单价的定义,可以将组成综合单价的 6 项费用分为以下三类。

1. 工程直接费

人工费、材料和工程设备费、施工机具使用费属于工程直接费。工程直接费的计算公式为

$$工程直接费 = \sum(工程量 \times 人工费单价) + \sum(工程量 \times 材料费单价) + \sum(工程量 \times 机械费单价)$$

2. 工程间接费

管理费、利润属于工程间接费。工程间接费的计算公式为

$$工程间接费 = \sum(定额人工费 \times 管理费费率 + 定额人工费 \times 利润率)$$

3. 风险费用

根据风险分摊原则,风险费用的具体计算方法需要在招标文件中明确。

7.1.4　风险分摊

在招标文件中要明确要求投标人承担的风险费用,投标人应考虑将此费用纳入综合单价中。

在具体施工过程中,当出现的风险内容及其范围在招标文件规定的范围内时,综合单价不得变动,合同价款不予调整。根据国际惯例并结合我国建筑行业特点,在工程施工中所承担的风险宜采用如下分摊原则。

(1)主要由市场价格波动导致的风险,如建筑材料价格变动风险,承发包双方应在招标文件或合同中约定对此类风险范围和幅度的合理分摊比例。一般采取的方式是承包人承担 5% 以内的材料、工程设备价格风险,10% 以内的施工机具使用费风险。

（2）主要由法律法规、政策出台等导致的风险，如税金、规费、人工费等发生变化，并由省、行业建设行政主管部门或其授权的工程造价管理机构根据上述变化发布的政策性调整，以及由政府定价或政府指导价管理的原材料等价格进行了调整，承包人不应该承担此类风险，应按照有关规定调整执行。

（3）主要由承包人自主控制的风险，如承包人的管理费、利润等，由承包人全部承担，承包人应根据自身企业实际情况自主报价。

7.2　综合单价的编制依据

采用清单计价方式时，在编制招标控制价和投标报价中，确定综合单价的编制依据是不太一样的。

7.2.1　招标控制价的编制依据

（1）现行国家标准《建设工程工程量清单计价规范》（GB 50500—2013）与《房屋建筑与装饰工程工程量计算规范》（GB 50854—2013）等。

（2）国家或省级、行业建设行政主管部门颁发的计价定额和计价办法。

与装配式建筑有关的定额有《装配式建筑工程消耗量定额》《××省装配式建筑预算定额》等。

（3）建设工程设计文件及相关资料。

（4）拟定的招标文件及招标工程量清单。

（5）与建设项目相关的标准、规范、技术资料等。

（6）施工现场情况、工程特点及常规施工方案。

（7）工程造价管理机构发布的工程造价信息，工程造价信息没有发布的，参照市场价格。

（8）其他相关材料。

7.2.2　投标报价的编制依据

《建设工程工程量清单计价规范》（GB 50500—2013）规定，投标报价应根据以下依据编制。

（1）现行国家标准《建设工程工程量清单计价规范》（GB 50500—2013）与《房屋建筑与装饰工程工程量计算规范》（GB 50854—2013）等。

（2）国家或省级、行业建设行政主管部门颁发的计价办法。

（3）企业定额，国家或省级、行业建设行政主管部门颁发的计价定额。

（4）招标文件、工程量清单及其补充通知、答疑纪要。

（5）建设工程设计文件及相关资料。

（6）投标时拟定的施工组织设计或施工方案。

（7）与建设项目相关的标准、规范、技术资料等。

（8）市场价格信息或工程造价管理机构发布的工程造价信息价。

（9）其他相关材料。

7.3　人工、材料、机械台班单价信息询价与收集

7.3.1　询价方式、途径

1. 询价

在编制招标控制价或者投标报价时通过各种途径了解人工、材料、机械台班单价信息的过程与方法称为询价。

在编制招标控制价的时候，人、材、机价格信息是根据工程所在地区颁发的计价定额，造价管理部门发布的当时当地指导（市场）信息价来确定。

除了权威发布的指导（市场）价格信息，施工单位在编制投标报价的时候，要根据自身企业情况进行自主报价。作为以营利为目的的建设行为，施工单位在投标的过程中，不仅要考虑如何才能中标，还应考虑中标后获取应得的利润，考虑中标后有可能承担的风险。所以，在报价前要通过各种渠道，采用各种方式对组成项目费用的人工、材料、施工机具等要素进行系统的调查研究，为报价提供可靠依据。

询价时一定要了解产品质量、满足招标文件要求、付款方式、供货方式、有无附加条件等情况。

2. 询价途径

1）直接与生产商联系

例如，要想了解 PC 构件的价格信息，可以与 PC 构件相应生产商联系，如××集团、PC构件厂等厂商。直接与生产商联系询价，能更快速地收集价格信息，方便构件采购的下单与发货，免去了中间供应商的差价，可以节约一定的成本。

2）生产厂商的代理人、销售商或从事该项业务的经纪人

通过咨询专业的劳务分包公司，了解当前人工劳务价格。通过机械（具）租赁公司了解施工机械租赁价格。

3）咨询公司

通过专业咨询公司得到的询价资料比较可靠，但是需要支付一定的咨询费用。

4）互联网询价

通过互联网，访问厂商的官方网站，查询相应价格信息。

5）市场调研

自行进行市场调查，实地考察建材市场获取相关市场价格信息。

7.3.2　人工单价信息收集

不同的地区和工种人工单价是不一样的，所以要根据工程项目所在地的具体情况来确

定人工单价信息。表 7-2 为某地区 2021 年二、三季度部分人工单价信息汇总。

表 7-2　某地区 2021 年二、三季度部分人工单价信息汇总

序号	人工名称	单位	4 月	5 月	6 月	7 月	8 月	9 月
1	抹灰工（一般抹灰工）	工日	134～197 元	134～197 元	134～197 元	135～198 元	135～198 元	135～198 元
2	防水工	工日	128～172 元	128～172 元	128～172 元	129～173 元	129～173 元	129～173 元
3	起重工	工日	129～180 元	129～180 元	129～180 元	130～181 元	130～181 元	130～181 元
4	钢筋工	工日	133～178 元	133～178 元	133～178 元	134～179 元	134～179 元	134～179 元
5	架子工	工日	127～180 元	127～180 元	127～180 元	130～181 元	130～181 元	130～181 元
6	建筑、装饰普工	工日	107～148 元	107～148 元	107～148 元	112～150 元	112～150 元	112～150 元

人工单价的询价一般有两种情况：一种是劳务分包公司询价，费用一般较高，但人工素质较可靠，工效较高，承包商管理较轻松；另外一种是劳务市场招募的零散劳动力，费用一般较劳务分包公司低，但有时素质和能力达不到要求，承包商管理较繁杂。表 7-2 中所举人工单价信息均未包括劳务管理费用。

7.3.3　材料单价信息收集

材料单价信息要保证报价的可靠，应多渠道了解材料价格、供应数量、运输方式、保险、支付方式等。表 7-3 为某地区 2021 年二、三季度部分材料单价信息汇总。

表 7-3　某地区 2021 年二、三季度部分材料单价信息汇总

序号	材料名称	规格型号	单位	4 月	5 月	6 月	7 月	8 月	9 月
1	PC 预制柱	（含钢量 126kg/m³）清水	m³	3200.00 元	3200.00 元	3200.00 元	3528.00 元	3632.83 元	3705.49 元
2	PC 预制主梁	（含钢量 260kg/m³）清水	m³	3100.00 元	3100.00 元	3100.00 元	3515.40 元	3553.81 元	3624.89 元
3	钢支撑		t	5250.00 元	5350.00 元	5340.00 元	5460.00 元	5900.00 元	6280.00 元
4	预埋铁件		t	6950.00 元	7060.00 元	7060.00 元	7190.00 元	7490.00 元	7870.00 元
5	一般小方材	≤54cm²	m³	2075.85 元	2075.85 元	2075.85 元	2075.85 元	2075.85 元	2075.85 元

7.3.4　机械台班单价信息收集

施工机械有租赁和采购两种方式。在收集租赁价格信息的时候，要详细了解计价方法，例如，每个机械台班租赁费用、最低计费起点、施工机械未工作时租赁费用、进出场费用、燃料费、机上作业人员工资等如何计取。

表 7-4 为某地区 2021 年二、三季度部分机械台班单价信息汇总表，表 7-5 为某厂商塔机租赁报价表。

表 7-4   某地区 2021 年二、三季度部分机械台班单价信息汇总表

序号	材料名称	规格型号	单位	4 月	5 月	6 月	7 月	8 月	9 月
1	履带式起重机	15t	台班	986 元	975 元	987 元	986 元	996 元	991 元
2	履带式起重机	25t	台班	1075 元	1060 元	1076 元	1073 元	1087 元	1079 元
3	履带式起重机	50t	台班	1627 元	1627 元	1627 元	1631 元	1631 元	1631 元
4	混凝土输送泵车	75m³/h	台班	2016 元	1985 元	2016.93 元	2008.04 元	2036.56 元	2021.04 元
5	混凝土振捣器	插入式	台班	13.33 元	13.68 元	13.63 元	13.65 元	13.62 元	13.61 元
6	自升式塔式起重机	起重力矩 1000kN·m	台班	1028 元	1028 元	1028 元	1032 元	1032 元	1032 元

表 7-5   某厂商塔机租赁报价

塔机型号	生产厂家	最大幅度/ 起重量	起升高度		塔基基础节安装形式	月租赁费/ （台/万元）
			独立高度/m	最大高度/m		
JTZ5510	HZ 杰牌	55m/1.0t	40	140	预埋螺栓式	1.70
QTZ80A	WS 建机	55m/1.2t	40	140	基础节预埋螺栓固定	1.70
QTZ80A	ZJ 德英	55m/1.2t	39	140	预埋螺栓式	1.70
QTZ5610	CS 中联	56m/1.0t	40.5	220	预埋螺栓式	1.70
QTZ80	ZJ 虎霸	58m/1.0t	40	140	预埋螺栓式	1.80
QTZ80B	WS 建机	60m/1.0t	47	160	预埋螺栓式	2.10
QTZ80	SC 锦城	55m/1.3t	37.6	150	预埋螺栓式	1.70

注: 1. 租赁报价不含安拆、进出场费;含增值税 10%,不含运费。
   2. 租赁报价不含操作工人人工费。

7.4   综合单价编制方法

7.4.1   综合单价与分项工程项目

1. 综合单价

综合单价确定的是分部分项工程量清单项目(或者单价措施工程量清单项目)的单价。

2. 分部分项工程量清单项目

某工程的分部分项工程量清单项目主要根据设计文件和《房屋建筑与装饰工程工程量计算规范》(GB 50854—2013)确定。

例如,某工程设计文件有矩形 PC 梁项目,然后在《房屋建筑与装饰工程工程量计算规范》(GB 50854—2013)中的"预制混凝土梁"(见图 7-1)找到对应项目名称(矩形梁)和项目编码(010510001),就列出(清单)了这个分项工程项目。

项目编码	项目名称	项目特征	计量单位	工程量计算规则	工作内容
010510001	矩形梁	1. 图代号 2. 单件体积 3. 安装高度 4. 混凝土强度等级 5. 砂浆(细石混凝土)强度等级、配合比	1. m³ 2. 根	1. 以立方米计量,按设计图示尺寸以体积计算 2. 以根计量,按设计图标尺寸以数量计算	1. 模板制作、安装、拆除、堆放、运输及清理模内杂物、刷隔离剂等 2. 混凝土制作、运输、浇筑、振捣、养护 3. 构件运输、安装 4. 砂浆制作、运输 5. 接头灌缝、养护
010510002	异形梁				
010510003	过梁				
010510004	拱形梁				
010510005	鱼腹式吊车梁				
010510006	其他梁				

注:以根计量,必须描述单位体积。

图 7-1　预制混凝土梁(编码:010510)

7.4.2　分部分项工程量清单项目与定额子目的关系

1. 一一对应关系

一个分部分项工程量清单项目对应一个定额子目,例如某装配式建筑所需的平开塑钢成品门安装项目(图 7-2 项目编码 010802001)与某地区消耗量定额平开塑钢成品门安装项目(表 7-6 中的定额编号 8-10)的内容是一一对应关系。

项目编码	项目名称	项目特征	计量单位	工程量计算规则	工作内容
010802001	金属(塑钢)门	1. 门代号及洞口尺寸 2. 门框或扇外围尺寸 3. 门框、扇材质 4. 玻璃品种、厚度	1. 樘 2. m²	1. 以樘计量,按设计图示数量计算 2. 以平方米计量,按设计图示洞口尺寸以面积计算	1. 门安装 2. 五金安装 3. 玻璃安装
010802002	彩板门	1. 门代号及洞口尺寸 2. 门框或扇外围尺寸			
010802003	钢质防火门	1. 门代号及洞口尺寸 2. 门框或扇外围尺寸 3. 门框、扇材质			1. 门安装 2. 五金安装
010802004	防盗门				

图 7-2　金属门(编码:010802)

表 7-6　塑钢、彩板钢门

工作内容:开箱、解捆、定位、画线、吊正、找平、安装、框周边塞缝等　　　　　　　　　　计量单位:100m²

定　额　编　号				8-9	8-10
项　　　目				塑料成品门安装	
				推拉	平开
名　　称			单位	消　耗　量	
人工	合计工日		工日	20.543	24.844
	其中	普工	工日	6.163	7.454
		一般技工	工日	12.326	14.906
		高级技工	工日	2.054	2.484

续表

定 额 编 号			8-9	8-10
项　　目			塑料成品门安装	
			推拉	平开
名　　称		单位	消　耗　量	
材料	塑钢推拉门	m²	96.980	—
	塑钢平开门	m²	—	96.040
	铝合金门窗配件固定连接铁件(地脚)3×30×300(mm)	个	445.913	575.453
	聚氨酯发泡密封胶(750ml/支)	支	116.262	143.322
	硅酮耐候密封胶	kg	66.706	86.029
	塑料膨胀螺栓	套	445.913	575.453
	电	kW·h	7.000	7.000
	其他材料费	%	0.200	0.200

2. 一对多对应关系

一个分部分项工程量清单项目对应多个定额子目,例如,某装配式建筑所需的预制混凝土矩形梁项目(图 7-1 中的清单编码 010510001)与某地区消耗量定额预制混凝土矩形梁制作项目(表 7-7 中的定额编号 5-17)、矩形梁模板项目(表 7-8 中的定额编号 5-231)、矩形梁(二类)运输项目(表 7-9 中定额编号 5-309、5-310)、矩形梁安装项目(表 7-10 中定额编号1-2)的内容是一对多的对应关系。消耗量定额的矩形梁制作、模板、运输、安装 4 个消耗量定额子目内容,才能满足编制矩形梁清单项目综合单价的要求。为什么呢?

因为图 7-1 中清单编码 010510001 矩形梁项目的工作内容包含模板、制作、运输、安装内容,所以要在消耗量定额中找到对应的"5-17"制作定额、"5-231"模板定额、"5-309"和"5-310"运输定额、"1-2"安装 4 个对应的定额子目,才能完整地编制出该项目的综合单价。

表 7-7　某地区混凝土预制梁制作定额

工作内容:浇筑、振捣、养护等

计量单位:10m³

定　额　编　号			5-16	5-17	5-18	5-19
项　　目			基础梁	矩形梁	异形梁	过梁
名　　称		单位	消　　耗　　量			
人工	合计工日	工日	2.911	3.017	3.219	8.838
	其中 普工	工日	0.874	0.905	0.966	2.651
	一般技工	工日	1.746	1.810	1.931	5.303
	高级技工	工日	0.291	0.302	0.322	0.884
材料	预拌混凝土 C20	m³	10.100	10.100	10.100	10.100
	塑料薄膜	m²	31.765	29.750	36.150	41.300
	土工布	m²	3.168	2.720	3.610	4.113
	水	m³	3.040	3.090	2.100	2.640
	电	kW·h	3.750	3.750	3.750	2.310

表 7-8 某地区预制梁模板消耗量定额

工作内容:模板及支撑制作、安装、拆除、堆放、运输及清理模内杂物、刷隔离剂等　计量单位:100m²

定 额 编 号			5-231	5-232	5-233
项　目			矩形梁		异形梁
			组合钢模板	复合模板	木模板
			钢支管		
名　称		单位	消　耗　量		
人工	合计工日	工日	21.219	18.245	40.861
	其中 普工	工日	6.366	5.473	12.258
	一般技工	工日	12.731	10.947	24.517
	高级技工	工日	2.122	1.825	4.086
材料	组合钢模板	kg	77.340	—	—
	复合模板	m²	—	24.675	—
	枋板材	m³	0.017	0.447	0.910
	钢支撑及配件	kg	69.480	69.480	69.480
	木支撑	m³	0.029	0.029	0.029
	零星卡具	kg	41.100	—	—
	梁卡具模板用	kg	26.190	—	—
	圆钉	kg	0.470	1.224	29.570
	隔离剂	kg	10.000	10.000	10.000
	水泥砂浆 1:2	m³	0.012	0.012	0.003
	镀锌铁丝 ϕ0.7	kg	0.180	0.180	0.180
	模板嵌缝料	kg	—	—	10.000
	硬塑料管 ϕ20	m	—	14.193	—
	塑料黏胶带 20mm×50m	卷	—	4.500	—
	对拉螺栓	kg	—	5.794	—
机械	木工圆锯机 500mm	台班	0.037	0.037	0.819

表 7-9 某地区二类构件运输消耗量定额

工作内容:设置一般支架(垫木条)、装车绑扎、运输、卸车堆放、支垫稳固等　计量单位:10m³

定 额 编 号	5-307	5-308	5-309	5-310
项　目	二类预制混凝土构件			
	运距(≤1km)	场内每增减 0.5km	运距(≤10km)	场外每增减 1km

续表

定 额 编 号				5-307	5-308	5-309	5-310
名 称			单位	消 耗 量			
人工	合计工日		工日	0.780	0.034	1.400	0.068
	其中	普工	工日	0.234	0.011	0.420	0.020
		一般技工	工日	0.468	0.020	0.840	0.041
		高级技工	工日	0.078	0.003	0.140	0.007
材料	枋板材		m³	0.110	—	0.110	—
	钢丝绳		kg	0.320	—	0.320	—
	镀锌铁丝 $\phi 4.0$		kg	3.140	—	3.140	—
机械	载重汽车 12t		台班	0.590	0.025	1.050	0.051
	汽车式起重机 20t		台班	0.390	0.017	0.700	0.034

表 7-10　某地区预制梁安装消耗量定额

工作内容:结合面清理,构件吊装、就位、校正、垫实、固定,接头钢筋调直,搭设及拆除钢支撑

计量单位:10m³

定 额 编 号			1-2	1-3
项 目			单梁	叠合梁
名 称		单位	消 耗 量	
人工	合计工日	工日	12.730	16.530
	其中　普工	工日	3.819	4.959
	一般技工	工日	7.638	9.918
	高级技工	工日	1.273	1.653
材料	预制混凝土单梁	m³	10.050	—
	预测混凝土叠合梁	m³	—	10.050
	垫铁	kg	3.270	4.680
	松杂板枋材	m³	0.014	0.020
	立支撑杆件 $\phi 48 \times 3.5$	套	1.040	1.490
	零星卡具	kg	9.360	13.380
	钢支撑及配件	kg	10.000	14.290
	其他材料费	%	0.600	0.600

7.4.3　矩形梁预制、模板、运输、安装项目内容的综合单价编制

1. 某地区人材机指导价单价表

摘录的某地区人材机指导价单价见表 7-11。

表 7-11　某地区人材机指导价单价表

序号	名　称	单　价	序号	名　称	单　价
1	普工	60 元/工日	12	圆钉	5.80 元/kg
2	一般技工	80 元/工日	13	梁卡具模板用	3.87 元/kg
3	高级技工	100 元/工日	14	钢支撑及配件	4.23 元/kg
4	板枋材	1530 元/m³	15	组合钢模板	5.20 元/kg
	松杂枋材	1240 元/m³	16	塑料薄膜	0.85 元/m²
	木支撑	1240 元/m³	17	土工布	1.80 元/m²
5	钢丝绳	33.78 元/kg	18	1∶2 水泥砂浆	440 元/m³
6	镀锌铁丝 φ4	21.30 元/kg	19	预拌混凝土 C20	410 元/m³
7	镀锌铁丝 φ7	19.10 元/kg	20	水	2.00 元/m³
8	垫铁	4.50 元/kg	21	电	1.90 元/kW·h
9	立支撑杆件 φ48×3.5	78.30 元/套	22	载重汽车 12t	550 元/台班
10	隔离剂	3.20 元/kg	23	汽车式起重机 20t	1560 元/台班
11	零星卡具	3.87 元/kg	24	木工圆锯机 500mm	75 元/台班

2. 编制预制混凝土矩形梁计价定额

将表 7-7 中的人材机名称和消耗量分别填写到表 7-12 对应的栏目内;根据表 7-12 的需要,将表 7-11 中的单价填写到表 7-12 的对应单价栏目内;然后分别计算人工费、材料费后汇总为定额基价。编制的预制混凝土矩形梁计价定额,见表 7-12。

表 7-12　混凝土矩形梁预制计价定额

定　额　编　号			5-17	
项　目			预制 C30 混凝土矩形梁(每 10m³)	
基价/元			4414.06	
其中	人工费/元		229.30	
	材料费/元		4184.76	
	机械费/元		—	
名　称		单位	单价/元	消　耗　量
人工	普工	工日	60.00	0.905
	一般技工	工日	80.00	1.810
	高级技工	工日	100.00	0.302
材料	预拌混凝土 C30	m³	410.00	10.100
	塑料薄膜	m²	0.85	29.750
	土工布	m²	1.90	2.720
	水	m³	2.00	3.090
	电	kW·h	1.90	3.750

3. 编制混凝土矩形梁模板计价定额

将表 7-8 中的人材机名称和消耗量分别填写到表 7-13 对应的栏目内；根据表 7-13 的需要，将表 7-11 中的单价填写到表 7-13 的对应单价栏目内；然后分别计算人工费、材料费后汇总为定额基价。编制的混凝土矩形梁模板计价定额见表 7-13。

表 7-13　混凝土矩形梁模板计价定额

定 额 编 号				5-231
项　　目				预制混凝土矩形梁模板（每 100m²）
基价/元				2674.09
其中	人工费/元			1606.64
	材料费/元			1064.67
	机械费/元			2.78
名　　称		单位	单价/元	消　耗　量
人工	普工	工日	60.00	6.266
	一般技工	工日	80.00	12.731
	高级技工	工日	100.00	2.122
材料	组合钢模板	kg	5.20	77.340
	枋板材	m³	1530.00	0.0170
	钢支撑及配件	kg	4.23	69.480
	木支撑	m³	1240	0.0290
	零星卡具	kg	3.87	41.100
	梁卡具模板用	kg	3.87	26.190
	圆钉	kg	5.80	0.470
	隔离剂	kg	3.20	10.000
	1：2 水泥砂浆	m³	440.00	0.0120
	镀锌铁丝 φ7	kg	19.10	0.180
机械	木工圆锯机	台班	75.00	0.037

4. 编制矩形梁运输计价定额

将表 7-9 中的人材机名称和消耗量分别填写到表 7-14 对应的栏目内；根据表 7-14 的需要，将表 7-11 中的单价填写到表 7-14 的对应单价栏目内；然后分别计算人工费、材料费后汇总为定额基价。编制的混凝土矩形梁模板计价定额，见表 7-14。

表 7-14　混凝土矩形梁运输计价定额

定　额　编　号	5-309	5-310
项　　　　目	二类预制构件运输（每 10m³）	
	场外运距≤10km	场外每增减 1km
基价/元	2021.89	86.27

续表

定 额 编 号				5-309	5-310
其中	人工费/元			106.40	5.18
	材料费/元			245.99	—
	机械费/元			1669.50	81.09
	名　称	单位	单价/元	消　耗　量	
人工	普工	工日 60.00	0.420	0.020	
	一般技工	工日 80.00	0.840	0.041	
	高级技工	工日	100.00	0.140	0.007
材料	枋板材	m³	1530.00	0.110	
	钢丝绳	kg	33.78	0.320	
	镀锌铁丝 $\phi 4$	kg	21.30	3.140	
机械	载重汽车 12t	台班	550.00	1.050	0.051
	汽车式起重机 20t	台班	1560.00	0.700	0.034

5. 编制矩形梁安装计价定额

将表 7-10 中的人材机名称和消耗量分别填写到表 7-15 对应的栏目内;根据表 7-15 的需要,将表 7-11 中的单价填写到表 7-15 的对应单价栏目内;然后分别计算人工费、材料费后汇总为定额基价。编制的混凝土矩形梁模板计价定额,见表 7-15。

表 7-15　矩形梁安装计价定额

定 额 编 号				1-2	
项　目				装配式单梁安装(每 10m³)	
基价/元				1160.66	
其中	人工费/元			967.48	
	材料费/元			192.03+1.16=193.19	
	机械费/元			—	
	名　称	单位	单价/元	消　耗　量	
人工	普工	工日	60.00	3.819	
	一般技工	工日	80.00	7.638	
	高级技工	工日	100.00	1.273	
材料	垫铁	kg	4.50	3.270	
	松杂板枋材	m³	1240.00	0.014	
	立支撑杆件 $\phi 48 \times 3.5$	套	78.30	1.040	
	零星卡具	kg	3.87	9.360	
	钢支撑及配件	kg	4.23	10.000	
	其他材料费	%	—	0.600	

6. 编制综合单价所需定额工程量计算

(1) 混凝土矩形梁定额工程量为 1m³。

（2）计算每 1m³ 混凝土矩形梁定额工程量。

某工程预制混凝土矩形梁图纸尺寸为 6000mm×250mm×500mm，计算体积与模板接触面积。

解：

> 混凝土体积 = 0.25×0.50×6.0 = 0.75(m³)
>
> 模板接触面积 = 0.25×0.50×2＋6.0×0.50×2＋0.25×6.0 = 7.75(m²)
>
> 每 1m³ 混凝土矩形梁模板接触面积 = 7.75÷0.75 = 10.33(m²/m³)

（3）混凝土矩形梁运输定额工程量为 1m³。

（4）混凝土矩形梁安装定额工程量为 1m³。

7. 填写综合单价分析表

由于计算预制混凝土矩形梁综合单价需要 4 个预算定额（计价定额）项目，所以将表 7-12～表 7-15 计价定额人工费、材料费、机械费单价，填入表 7-16。将上面计算的 1m³ 混凝土矩形梁模板接触面积 10.33m² 填写到梁模板的数量栏目。

表 7-16　预制混凝土矩形梁综合单价计算表

项目编码		010510001001		项目名称		矩形梁		计量单位		m³
清单综合单价组成明细										
定额编号	定额项目名称	定额单位	数量	单价/元				合价/元		
				人工费	材料费	机械费	管理费和利润	人工费	材料费	机械费	管理费和利润
5-17	梁制作	m³	1.0	22.93	418.48					
5-231	梁模板	m²	10.33	16.07	10.65	0.03				
5-309	梁运输(10km)	m³	1.0	10.64	24.60	166.95				
5-310	梁运输(加 5km)	m³	5.0	0.52		8.11				
1-2	梁安装	m³	1.0	96.75	19.32					
人工单价			小计							
元/工日			未计价材料费							
清单项目综合单价										

主要材料费明细	主要材料名称、规格、型号	单位	数量	单价/元	合价/元	暂估单价/元	暂估合价/元
	枋板材	m³	0.011	1530			
	松杂枋材	m³	0.0014	1240			
	立支撑杆件 φ48×3.5	套	1.04	78.30			
	预拌混凝土 C20	m³	1.01	410.00			
	组合钢模板 0.7734×10.33=7.99	kg	7.99	5.20			
	其他材料费			—		—	
	材料费小计			—		—	

8. 计算综合单价

预制梁按运距 15km 计算。

某地区管理费与利润计算规定：

$$管理费 = 人工费 \times 15\%$$
$$利润 = 人工费 \times 8\%$$
$$梁运输 10km = 10.64 \times (15\% + 8\%) \approx 2.45(元)$$
$$梁运输 5km = 0.52 \times (15\% + 8\%) \times 5 \approx 0.60(元)$$
$$梁安装 = 96.75 \times (15\% + 8\%) \approx 22.25(元)$$

计算步骤：计算管理费与利润单价；计算人工费、材料费、机械费和利润与管理费合计；人工费、材料费、机械费、管理费与利润分别合计，然后相加为综合单价，见表 7-17。

表 7-17 预制混凝土矩形梁综合单价计算表

项目编码	010510001001		项目名称		矩形梁		计量单位	m³

清单综合单价组成明细

定额编号	定额项目名称	定额单位	数量	单价/元				合价/元			
				人工费	材料费	机械费	管理费和利润	人工费	材料费	机械费	管理费和利润
5-17	梁制作	m³	1.0	22.93	418.48		5.27	22.93	418.48		5.27
5-231	梁模板	m²	10.33	16.07	10.65	0.03	3.70	166.00	110.01	0.31	38.22
5-309	梁运输(10km)	m³	1.0	10.64	24.60	166.95	2.45	10.64	24.60	166.95	2.45
5-310	梁运输(加5km)	m³	5.0	0.52		8.11	0.12	2.60		40.55	0.60
1-2	梁安装	m³	1.0	96.75	19.32		22.25	96.75	19.32		22.25
人工单价			小计					298.92	572.41	207.81	68.79
元/工日			未计价材料费								
清单项目综合单价								1147.93			

材料费明细	主要材料名称、规格、型号			单位	数量	单价/元	合价/元	暂估单价/元	暂估合价/元
	枋板材			m³	0.011	1530	16.83		
	松杂枋材			m³	0.0014	1240	1.74		
	立支撑杆件 φ48×3.5			套	1.04	78.30	81.43		
	预拌混凝土 C20 级			m³	1.01	410.00	414.10		
	组合钢模板 0.7734×10.33＝7.99			kg	7.99	5.20	41.55		
	其他材料费					—		—	
	材料费小计					—		—	

结果：预制混凝土矩形梁(含模板、制、运、安工作内容)综合单价为 1147.93 元/m³。

■思考■

装配式混凝土建筑工程造价费用构成与计算程序

8.1 装配式混凝土建筑工程造价费用构成

8.1.1 建标〔2013〕44 号文规定建筑安装工程费用组成

装配式建筑工程造价费用构成依据:住房和城乡建设部、财政部 2013 年颁发的《建筑安装工程费用项目组成》(建标〔2013〕44 号)文规定了建筑安装工程费用项目组成内容,见表 8-1。

表 8-1　建标〔2013〕44 号文建筑安装工程费用组成

序号	费　　用	组 成 内 容
1	分部分项工程费	人工费
		材料费
		施工机具使用费
		企业管理费
		利润
2	措施项目费	单价措施项目费
		总价措施项目费
3	其他项目费	暂列金额
		计日工
		总承包服务费
4	规费	社会保险费
		住房公积金
		工程排污费
5	税金	营业税
		城市建设维护税
		教育费附加
		地方教育附加

8.1.2 营改增后建筑安装工程费用组成

营改增后建筑安装工程费用组成内容,见表 8-2。

表 8-2 营改增后建筑安装工程费用项目组成内容

序号	费用	组成内容
1	分部分项工程费	人工费
		材料费
		施工机具使用费
		企业管理费
		利润
2	措施项目费	单价措施项目费
		总价措施项目费
3	其他项目费	暂列金额
		计日工
		总承包服务费
4	规费	社会保险费
		住房公积金
		工程排污费
5	税金	增值税
		城市建设维护税、教育费附加、地方教育附加

8.2 分部分项工程费构成

8.2.1 人工费

人工费是指按工资总额构成规定,支付给从事建筑安装工程施工的生产工人和附属生产单位工人的各项费用。内容包括以下几项。

1. 计时工资或计件工资

计时工资或计件工资是指按计时工资标准和工作时间或对已做工作按计件单价支付给个人的劳动报酬。

2. 奖金

奖金是指对超额劳动和增收节支支付给个人的劳动报酬。如节约奖、劳动竞赛奖等。

3. 津贴补贴

津贴补贴是指为了补偿职工特殊或额外的劳动消耗和因其他特殊原因支付给个人的津贴,以及为了保证职工工资水平不受物价影响支付给个人的物价补贴。如流动施工津贴、特殊地区施工津贴、高温(寒)作业临时津贴、高空津贴等。

4. 加班加点工资

加班加点工资是指按规定支付的在法定节假日工作的加班工资和在法定节假日工作时间外延时工作的加点工资。

5. 特殊情况下支付的工资

特殊情况下支付的工资是指根据国家法律、法规和政策规定,因病、工伤、产假、计划生育假、婚丧假、事假、探亲假、定期休假、停工学习、执行国家或社会义务等原因按计时工资标准或计时工资标准的一定比例支付的工资。

8.2.2 材料费

材料费是指施工过程中耗费的原材料、辅助材料、构配件、零件、半成品或成品、工程设备的费用。内容包括以下几项。

1. 材料原价

材料原价是指材料、工程设备的出厂价格或商家供应价格。

2. 运杂费

运杂费是指材料、工程设备自来源地运至工地仓库或指定堆放地点所发生的全部费用。

3. 运输损耗费

运输损耗费是指材料在运输装卸过程中不可避免的损耗。

4. 采购及保管费

采购及保管费是指为组织采购、供应和保管材料、工程设备的过程中所需要的各项费用。主要包括采购费、仓储费、工地保管费、仓储损耗。

工程设备是指构成或计划构成永久工程一部分的机电设备、金属结构设备、仪器装置及其他类似的设备和装置。

8.2.3 施工机具使用费

施工机具使用费是指施工作业所发生的施工机械、仪器仪表使用费或其租赁费。

1. 施工机械使用费

施工机械使用费以施工机械台班耗用量乘以施工机械台班单价表示,施工机械台班单价应由下列七项费用组成。

1)折旧费

折旧费是指施工机械在规定的使用年限内,陆续收回其原值的费用。

2)大修理费

大修理费是指施工机械按规定的大修理间隔台班进行必要的大修理,以恢复其正常功能所需的费用。

3)经常修理费

经常修理费是指施工机械除大修理以外的各级保养和临时故障排除所需的费用,包括为保障机械正常运转所需替换设备与随机配备工具附具的摊销和维护费用,机械运转中日常保养所需润滑与擦拭的材料费用及机械停滞期间的维护和保养费用等。

4)安拆费及场外运费

安拆费是指施工机械(大型机械除外)在现场进行安装与拆卸所需的人工、材料、机械和试运转费用以及机械辅助设施的折旧、搭设、拆除等费用。

场外运费是指施工机械整体或分体自停放地点运至施工现场或由一施工地点运至另一施工地点的运输、装卸、辅助材料及架线等费用。

5)人工费

人工费是指机上司机(司炉)和其他操作人员的人工费。

6)燃料动力费

燃料动力费是指施工机械在运转作业中所消耗的各种燃料及水、电等。

7)税费

税费是指施工机械按照国家规定应缴纳的车船使用税、保险费及年检费等。

2. 仪器仪表使用费

仪器仪表使用费是指工程施工所需使用的仪器仪表的摊销及维修费用。

8.2.4 企业管理费

企业管理费是指建筑安装企业组织施工生产和经营管理所需的费用。内容包括以下几项。

1. 管理人员工资

管理人员工资是指按规定支付给管理人员的计时工资、奖金、津贴补贴、加班加点工资及特殊情况下支付的工资等。

2. 办公费

办公费是指企业管理办公用的文具、纸张、账表、印刷、邮电、书报、办公软件、现场监控、会议、水电、烧水和集体取暖降温(包括现场临时宿舍取暖降温)等费用。

3. 差旅交通费

差旅交通费是指职工因公出差、调动工作的差旅费、住勤补助费,市内交通费和误餐补助费,职工探亲路费,劳动力招募费,职工退休、退职一次性路费,工伤人员就医路费,工地转移费以及管理部门使用的交通工具的油料、燃料等费用。

4. 固定资产使用费

固定资产使用费是指管理和试验部门及附属生产单位使用的属于固定资产的房屋、设备、仪器等的折旧、大修、维修或租赁费。

5. 工具用具使用费

工具用具使用费是指企业施工生产和管理使用的不属于固定资产的工具、器具、家具、交通工具和检验、试验、测绘、消防用具等的购置、维修和摊销费。

6. 劳动保险和职工福利费

劳动保险和职工福利费是指由企业支付的职工退职金、按规定支付给离休干部的经费,集体福利费、夏期防暑降温、冬期取暖补贴、上下班交通补贴等。

7. 劳动保护费

劳动保护费是企业按规定发放的劳动保护用品的支出。如工作服、手套、防暑降温饮料以及在有碍身体健康的环境中施工的保健费用等。

8. 检验试验费

检验试验费是指施工企业按照有关标准规定,对建筑以及材料、构件和建筑安装物进行一般鉴定、检查所发生的费用,包括自设试验室进行试验所耗用的材料等费用。不包括新结构、新材料的试验费,对构件做破坏性试验及其他特殊要求检验试验的费用和建设单位委托检测机构进行检测的费用,对此类检测发生的费用,由建设单位在工程建设其他费用中列支。但对施工企业提供的具有合格证明的材料进行检测不合格的,该检测费用由施工企业支付。

9. 工会经费

工会经费是指企业按《中华人民共和国工会法》规定的全部职工工资总额比例计提的工会经费。

10. 职工教育经费

职工教育经费是指按职工工资总额的规定比例计提,企业为职工进行专业技术和职业技能培训,专业技术人员继续教育、职工职业技能鉴定、职业资格认定以及根据需要对职工进行各类文化教育所发生的费用。

11. 财产保险费

财产保险费是指施工管理用财产、车辆等的保险费用。

12. 财务费

财务费是指企业为施工生产筹集资金或提供预付款担保、履约担保、职工工资支付担保等所发生的各种费用。

13. 税金

税金是指企业按规定缴纳的城市维护建设税、教育费附加、地方教育附加,还包括房产税、车船使用税、土地使用税、印花税等。

14. 其他

其他包括技术转让费、技术开发费、投标费、业务招待费、绿化费、广告费、公证费、法律顾问费、审计费、咨询费、保险费等。

8.2.5 利润

利润是指施工企业完成所承包工程获得的盈利。

8.3 措施项目费

措施项目费是指为完成建设工程施工,发生于该工程施工前和施工过程中的技术、生活、安全、环境保护等方面的费用。内容包括以下几项。

1. 安全文明施工费

1）环境保护费

环境保护费是指施工现场为达到环保部门要求所需要的各项费用。

2）文明施工费

文明施工费是指施工现场文明施工所需要的各项费用。

3）安全施工费

安全施工费是指施工现场安全施工所需要的各项费用。

4）临时设施费

临时设施费是指施工企业为进行建设工程施工所必须搭设的生活和生产用的临时建筑物、构筑物和其他临时设施费用。主要包括临时设施的搭设、维修、拆除、清理费或摊销费等。

2. 夜间施工增加费

夜间施工增加费是指因夜间施工所发生的夜班补助费、夜间施工降效、夜间施工照明设备摊销及照明用电等费用。

3. 二次搬运费

二次搬运费是指因施工场地条件限制而发生的材料、构配件、半成品等一次运输不能到达堆放地点，必须进行二次或多次搬运所发生的费用。

4. 冬雨期施工增加费

冬雨期施工增加费是指在冬期或雨期施工需增加的临时设施、防滑、排除雨雪，人工及施工机械效率降低等费用。

5. 已完工程及设备保护费

已完工程及设备保护费是指竣工验收前，对已完工程及设备采取的必要保护措施所发生的费用。

6. 工程定位复测费

工程定位复测费是指工程施工过程中进行全部施工测量放线和复测工作的费用。

7. 特殊地区施工增加费

特殊地区施工增加费是指工程在沙漠或其边缘地区、高海拔、高寒、原始森林等特殊地区施工增加的费用。

8. 大型机械设备进出场及安拆费

大型机械设备进出场及安拆费是指机械整体或分体自停放场地运至施工现场或由一个施工地点运至另一个施工地点，所发生的机械进出场运输及转移费用及机械在施工现场进行安装、拆卸所需的人工费、材料费、机械费、试运转费和安装所需的辅助设施的费用。

9. 脚手架工程费

脚手架工程费是指施工需要的各种脚手架搭、拆、运输费用以及脚手架购置费的摊销（或租赁）费用。

措施项目及其包含的内容详见各类专业工程的现行国家或行业计量规范。

8.4 其他项目费

1. 暂列金额

暂列金额是指建设单位在工程量清单中暂定并包括在工程合同价款中的一笔款项。用于施工合同签订时尚未确定或者不可预见的所需材料、工程设备、服务的采购,施工中可能发生的工程变更、合同约定调整因素出现时的工程价款调整以及发生的索赔、现场签证确认等的费用。

2. 计日工

计日工是指在施工过程中,施工企业完成建设单位提出的施工图纸以外的零星项目或工作所需的费用。

3. 总承包服务费

总承包服务费是指总承包人为配合、协调建设单位进行的专业工程发包,对建设单位自行采购的材料、工程设备等进行保管以及施工现场管理、竣工资料汇总整理等服务所需的费用。

8.5 规　　费

规费是指按国家法律、法规规定,由省级政府和省级有关权力部门规定必须缴纳或计取的费用。

1. 社会保险费

1)养老保险费

养老保险费是指企业按照规定标准为职工缴纳的基本养老保险费。

2)失业保险费

失业保险费是指企业按照规定标准为职工缴纳的失业保险费。

3)医疗保险费

医疗保险费是指企业按照规定标准为职工缴纳的基本医疗保险费。

4)生育保险费

生育保险费是指企业按照规定标准为职工缴纳的生育保险费。

5)工伤保险费

工伤保险费是指企业按照规定标准为职工缴纳的工伤保险费。

2. 住房公积金

住房公积金是指企业按规定标准为职工缴纳的住房公积金。

3. 工程排污费

工程排污费是指按规定缴纳的施工现场工程排污费。其他应列而未列入的规费,按实际发生计取。

8.6 增　值　税

1. 增值税的含义

增值税是指国家税法规定应计入建筑安装工程造价的税种。

增值税是对纳税人生产经营活动的增值额征收的一种税,是流转税的一种。增值额是纳税人生产经营活动实现的销售额与其从其他纳税人购入货物、劳务、服务之间的差额。

2. 增值税计算方法

《住房城乡建设部办公厅关于做好建筑业营改增建设工程计价依据调整准备工作的通知》建办标〔2016〕4 号文要求,工程造价计算方法为

$$工程造价 = 税前工程造价 \times (1 + 9\%)$$

式中:9%为建筑业拟征增值税税率,税前工程造价为人工费、材料费、施工机具使用费、企业管理费、利润和规费之和,各费用项目均以不包含增值税可抵扣进项税额的价格计算,相应计价依据按上述方法调整。

8.7 装配式混凝土建筑工程造价计算程序

装配式混凝土建筑工程造价计算程序见表 8-3。

表 8-3 装配式混凝土建筑工程造价计算程序

序号	费 用 项 目		计算基础	计 算 式
1	分部分项工程费	人工费	直接费	定额直接费 $= \sum$(分部分项工程量×定额基价) 工料价差调整 $=$ 定额人工费×调整系数 $+ \sum$(材料用量×材料价差)
		人工价差调整		
		材料费		
		材料价差调整		
		机械(具)费		
		企业管理费	定额人工费	定额人工费×管理费率
		利润		定额人工费×利润率
2	措施项目费	单价措施项目 / 人工费	单价措施项目直接费	定额直接费 $= \sum$(单价措施项目工程量×定额基价) 工料价差调整 $=$ 定额人工费×调整系数 $+ \sum$(材料用量×材料价差)
		人工价差调整		
		材料费		
		材料价差调整		
		机械(具)费		
		企业管理费	单价措施项目定额人工费	单价措施项目定额人工费×间接费率
		利润		单价措施项目定额人工费×利润率
		总价措施 / 安全文明施工费	分部分项工程定额人工费 + 单价措施项目定额人工费	(分部分项工程定额人工费 + 单价措施项目定额人工费)×措施费率
		夜间施工增加费		
		二次搬运费		
		冬雨期施工增加费		

续表

序号	费用项目		计算基础	计算式
3	其他项目费	总承包服务费	分包工程造价	分包工程造价×费率
		暂列金额	根据招标工程量清单列出的项目计算	
		暂估价		
		计日工		
4	规费	社会保险费	分部分项工程定额人工费＋单价措施项目定额人工费	（分部分项工程定额人工费＋单价措施项目定额人工费）×费率
		住房公积金		
		工程排污费		
5	税前造价		序号1＋序号2＋序号3＋序号4	
6	税金	增值税	税前造价	税前造价×9%
7		附加税（城市维护建设税、教育费附加、地方教育附加）		税前造价×0.313%（在市区）

工程造价＝序号1＋序号2＋序号3＋序号4＋序号6＋序号7

思考

9 装配式混凝土建筑工程量清单报价编制

根据某地区 A 住宅装配式建筑施工图、计价定额、费用定额、PC 构件与部品部件市场价、各项费率，编制该工程项目的装配式混凝土建筑工程量清单报价。

9.1 装配式建筑工程量计算

9.1.1 现浇 C25 混凝土独立基础工程量计算

1. 独立基础施工图

独立基础施工图如图 9-1 所示。

2. 独立基础工程量计算

计算图 9-1 中的装配式建筑 20 个现浇独立基础工程量。

解：

$$
\begin{aligned}
V &= 下部立方体 + 中部棱台体 + 上部立方体 \\
&= 20 \times [3.60 \times 3.60 \times 0.30 + (3.60 \times 3.60 + 0.90 \times 0.90) \times 0.5 \times 0.30 \\
&\quad + 0.80 \times 0.80 \times 2.30] \\
&= 20 \times (3.888 + 2.066 + 1.472) \\
&\approx 20 \times 7.426 \\
&= 148.52 (\mathrm{m^3})
\end{aligned}
$$

答：20 个现浇 C25 混凝土独立基础工程量为 148.52m³。

3. 独立基础模板工程量计算

$$
\begin{aligned}
S &= 20 \times (3.60 \times 4 \times 0.30 + 0.80 \times 4 \times 2.30) \\
&= 20 \times 11.68 = 233.60 (\mathrm{m^2})
\end{aligned}
$$

$$
立方米模板工程量 = 233.60 \div 148.52 \approx 1.57 (\mathrm{m^2/m^3})
$$

9.1.2 PC 叠合梁工程量计算

1. PC 叠合梁在建筑平面的位置

PC 叠合梁在建筑平面的位置如图 9-2 所示。

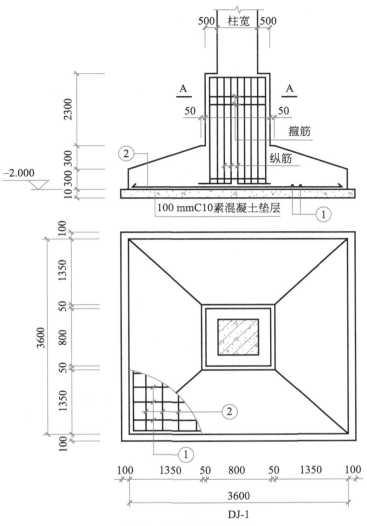

图 9-1 独立基础施工图

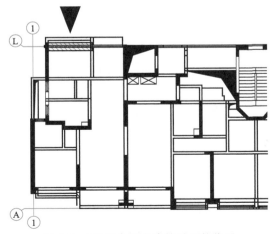

图 9-2 PC 叠合梁在建筑平面的位置

2. PC 叠合梁施工图

PC 叠合梁施工图如图 9-3 和图 9-4 所示。

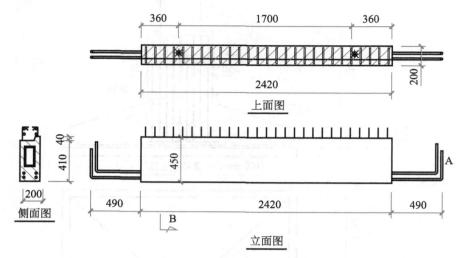

图 9-3　PC 叠合梁施工图(一)

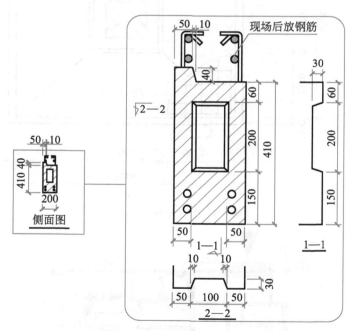

图 9-4　PC 叠合梁施工图(二)

3. PC 叠合梁工程量计算

根据 PC 叠合梁施工图,计算 15 根叠合梁工程量。

解:

$$V = 叠合梁断面积 \times 量长 - 两端凹口体积$$
$$= 15 \times \{[0.20 \times 0.41 + (0.05 + 0.06) \times 0.5 \times 0.04] \times 2.42 - 0.1 \times 0.2 \times 0.03 \times 2\}$$

$$= 15 \times [(0.082 + 0.0022) \times 2.42 - 0.0012]$$
$$\approx 15 \times (0.204 - 0.0012)$$
$$= 15 \times 0.2028$$
$$\approx 3.04 (\mathrm{m}^3)$$

9.1.3　PC 叠合板工程量计算

1. PC 叠合板位置图

PC 叠合板位置如图 9-5 所示。

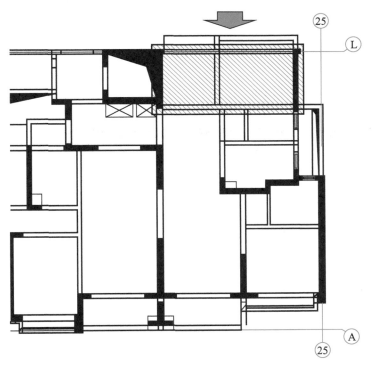

图 9-5　PC 叠合板位置图

2. PC 叠合板施工图

PC 叠合板施工图如图 9-6 所示。

3. PC 叠合板工程量计算

根据 PC 叠合板施工图,计算 28 块叠合板工程量。

解:

$$V = 板宽 \times 板长 \times 板厚$$
$$= 28 \times [2.32 \times (2.32 + 3.22) \times 0.06]$$
$$\approx 28 \times 0.771$$
$$\approx 21.59 (\mathrm{m}^3)$$

答:28 块 PC 叠合板工程量为 21.59m³。

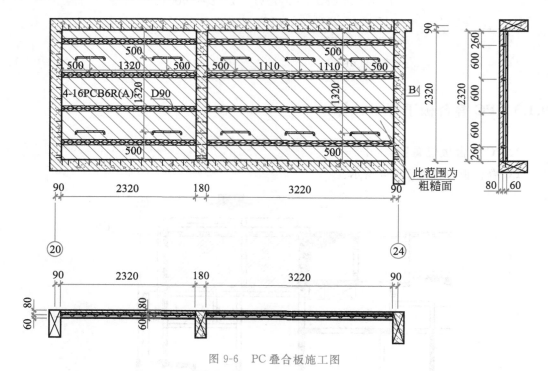

图 9-6　PC 叠合板施工图

9.1.4　PC 外墙工程量计算

1. PC 外墙三维图

PC 外墙三维图如图 9-7 所示。

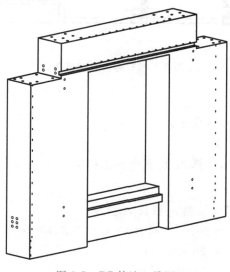

图 9-7　PC 外墙三维图

2. PC 外墙所在位置

PC 外墙所在位置见图 9-8。

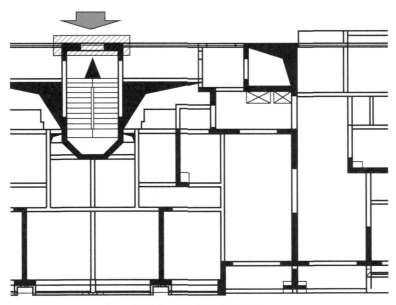

图 9-8 PC 外墙所在位置

3. PC 外墙施工图

PC 外墙施工图见图 9-9。

4. PC 外墙工程量计算

根据 PC 外墙施工图，计算 12 块 PC 墙工程量。

解：

$$V = 墙板（扣窗洞）+ 墙增厚 + 窗台线 - 凹口$$
$$= 12 \times \{[2.90 \times 2.88 - 0.45 \times 0.47 \times 2 - 1.20 \times (2.32 - 0.47)] \times 0.20$$
$$+ [2.90 \times 2.88 - 0.45 \times 0.47 \times 2 - (2.88 - 0.47) \times 1.20] \times 0.15 + 1.20 \times 0.07 \times 0.10$$
$$- 0.07 \times 0.14 \times 0.03 \times 8\}$$
$$\approx 12 \times (5.709 \times 0.20 + 5.037 \times 0.15 + 0.0084 - 0.0024)$$
$$\approx 12 \times 1.903$$
$$\approx 22.84 (\text{m}^3)$$

9.1.5　套筒注浆工程量计算

1. 套筒注浆示意图

套筒注浆示意图如图 9-10 所示。

2. 套筒注浆工程量计算

根据套筒注浆示意套筒数量，计算 12 块 PC 外墙上套筒注浆工程量。

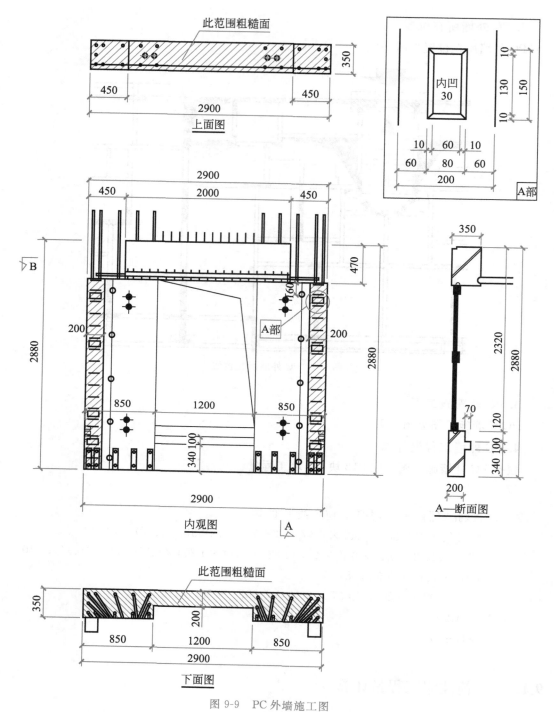

图 9-9　PC 外墙施工图

解：

$$\phi 12 \text{ 钢筋套筒注浆个数} = 12 \text{ 块} \times 24 \text{ 个} / \text{块} = 288(\text{个})$$

答：12 块 PC 墙板的 $\phi 12$ 钢筋套筒注浆个数为 288 个。

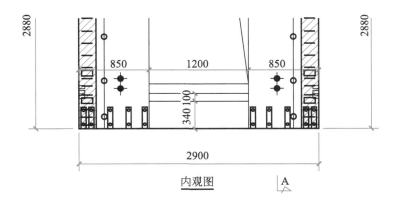

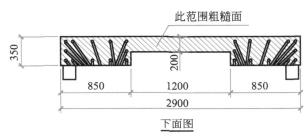

图 9-10　套筒注浆示意

9.2　装配式建筑工程量清单

9.2.1　分部分项工程量清单

上述清单工程量计算结果按照房屋建筑和装饰工程工程量清单计算规范列出的 A 住宅分部分项工程量清单见表 9-1。

表 9-1　分部分项工程和单价措施项目清单与计价表(一)

工程名称:A 住宅工程　　　　　　　　　　标段:　　　　　　　　　　第 1 页　共 1 页

序号	项目编码	项目名称	项目特征描述	计量单位	工程量	金额/元		
						综合单价	合价	其中人工费
		E. 混凝土工程						
1	010501003001	独立基础	混凝土强度等级:C25	m³	148.52			
2	010512001001	PC 叠合板	混凝土强度等级:C30	m³	21.59			
3	010510001001	PC 叠合梁	混凝土强度等级:C30	m³	3.04			

续表

序号	项目编码	项目名称	项目特征描述	计量单位	工程量	金额/元		
						综合单价	合价	其中人工费
4	010514002001	PC外墙板	混凝土强度等级：C30	m³	22.84			
5	BC001	套筒注浆	钢筋直径：φ12钢筋	个	288			
		分部小计						
		Q. 其他装饰工程						
6	011505001001	洗漱台	1.材料品种、规格、颜色：陶瓷、箱式、白色 2.支架、配件品种、规格：不锈钢支架、不锈钢水嘴、DN15	组	12			
		分部小计						
		合计						

说明：PC构件运距均为10km。

9.2.2 措施项目清单

1. 单价措施项目清单

单价措施项目清单见表9-2。

表9-2 分部分项工程和单价措施项目清单与计价表（二）

工程名称：A住宅工程　　　　　　　　标段：　　　　　　　　第1页 共1页

序号	项目编码	项目名称	项目特征描述	计量单位	工程量	金额/元		
						综合单价	合价	其中人工费
		E. 混凝土工程						
1	011702001001	基础模板	基础类型：独立基础	m²	233.60			

2. 总价措施项目清单

总价措施项目清单见表9-3。

表 9-3　总价措施项目清单与计价表

工程名称：A 住宅工程　　　　　　　　　　标段：　　　　　　　　　　第　页　共　页

序号	项目编码	项目名称	计算基础	费率/%	金额/元	备注
1	011707001001	安全文明施工费				有
2	011707002001	夜间施工增加费				无
3	011707004001	二次搬运费	定额人工费			无
4	011707005001	冬雨期施工增加费				无
5	011707007001	已完工程及设备保护费				无
		合计				

9.2.3　其他项目清单

其他项目清单与计价汇总表见表 9-4。

表 9-4　其他项目清单与计价汇总表

工程名称：A 住宅工程　　　　　　　　　　标段：　　　　　　　　　　第 1 页　共 1 页

序号	项目名称	金额/元	结算金额/元	备注
1	暂列金额	500.00		
2	暂估价			无
2.1	材料暂估价			无
2.2	专业工程暂估价			无
3	计日工			无
4	总承包服务费			无
5				
	合计			—

9.2.4　规费与税金项目清单

规费与税金项目清单见表 9-5。

表 9-5　规费与税金项目清单

工程名称：A 住宅工程　　　　　　　　　　标段：　　　　　　　　　　第 1 页　共 1 页

序号	项目名称	计 算 基 础	计算基数	计算费率/%	金额/元
1	规费	定额人工费			

续表

序号	项目名称	计算基础	计算基数	计算费率/%	金额/元
2	住房公积金	定额人工费			
3	增值税税金	不含进项税的税前造价＝分部分项工程费＋措施项目费＋其他项目费＋规费		9	
4	附加税			0.313	
	合计				

9.3 装配式建筑定额

9.3.1 装配式建筑计价定额

1. 现浇独立基础计价定额

现浇独立基础计价定额见表 9-6。

表 9-6 现浇独立基础计价定额

定额编号				5-8
项 目				独立基础(每 10m³)
基价/元				7580.90
其中	人工费/元			2135.28
	材料费/元			5442.40
	机械费/元			3.22
	名 称	单位	单价/元	消耗量
人工	综合用工	工日	168.00	12.71
材料	预拌混凝土 C20	m³	538.22	10.10
	塑料薄膜	m²	0.12	25.29
	水	m³	2.50	1.339
机械	混凝土抹平机	台班	92.00	0.035

2. 预制叠合梁安装计价定额

预制叠合梁安装计价定额见表 9-7。

表 9-7 预制叠合梁安装计价定额

定额编号				5-332
项 目				PC 叠合梁安装（每 10m³）
基价/元				3141.87
其中	人工费/元			2138.64
	材料费/元			192.03
	机械费/元			811.20
	名 称	单位	单价	消耗量
人工	综合用工	工日	168.00	12.73
材料	预制叠合梁	m³	—	(10.00)
	垫铁	kg	4.50	3.27
	松杂枋材	m³	1240.00	0.014
	立支撑杆件 $\phi 48 \times 3.5$	套	78.30	1.040
	零星卡具	kg	3.87	9.360
	钢支撑及配件	kg	4.23	10.000
机械	汽车式起重机 20t	台班	1560.00	0.52

3. 预制叠合板安装计价定额

预制叠合板安装计价定额见表 9-8。

表 9-8 预制叠合板安装计价定额

定额编号				5-335
项 目				PC 叠合板安装（每 10m³）
基价/元				5281.04
其中	人工费/元			3403.68
	材料费/元			815.89
	机械费/元			1061.47
	名 称	单位	单价/元	消耗量
人工	综合用工	工日	168.00	20.26
材料	预制叠合板	m³	—	(10.00)
	垫铁	kg	4.10	3.140
	低合金钢焊条 E43	kg	16.00	6.100
	松杂板枋材	m³	1800.00	0.091
	立支撑杆件 $\phi 48 \times 3.5$	套	55.80	2.730
	零星卡具	kg	5.20	37.310
	钢支撑及配件	kg	4.90	39.850
机械	交流弧焊机 32kV·A		28.00	0.581
	汽车式起重机 20t	台班	1560.00	0.67

4. 预制外墙板安装计价定额

预制外墙板安装计价定额见表 9-9。

表 9-9　预制外墙板安装计价定额

定额编号					5-345
项　目					PC 外墙板安装墙厚≤200mm（每 10m³）
基价/元					3390.82
其中	人工费/元				2136.96
	材料费/元				395.51
	机械费/元				858.35
名　称		单位	单价/元		消耗量
人工	综合用工	工日	168.00		12.72
材料	预制混凝土外墙板	m³	—		(10.00)
	垫铁	kg	4.10		12.491
	干混砌筑砂浆 DM M20	m³	730.00		0.100
	PE 棒	m	4.00		40.751
	垫木	m³	1500.00		0.012
	斜支撑杆件 φ48×3.5	套	65.85		0.487
	预埋铁件	kg	4.30		9.307
	定位钢板	kg	4.00		4.550
机械	干混砂浆罐式搅拌机	台班	35.00		0.010
	汽车式起重机 20t	台班	1560.00		0.55

5. 预制混凝土构件运输计价定额

预制混凝土构件运输计价定额见表 9-10。

表 9-10　预制混凝土构件运输计价定额

定额编号		5-305	5-306
项　目		每 10m³	
		运距(≤10km)	每增减 1km
基价/元		1611.88	61.78
其中	人工费/元	350.66	16.02
	材料费/元	240.42	—
	机械费/元	1020.80	45.76

续表

名　称		单位	单价/元	消耗量	
人工	综合用工	工日	178.00	1.97	0.09
材料	枋板材	m³	1800.00	0.110	
	钢丝绳	kg	33.78	0.310	
	镀锌铁丝 $\phi4$	kg	21.30	1.50	
机械	载重汽车 8t	台班	330.00	1.460	0.062
	载重汽车 12t	台班	550.00	0.980	0.046

6. 套筒灌浆计价定额

套筒灌浆计价定额见表 9-11。

表 9-11　套筒灌浆计价定额

定额编号			5-362	5-363
项　目			套筒注浆（每 10 个）	
			钢筋直径/mm	
			≤ϕ18	＞ϕ18
基价/元			123.32	185.60
其中	人工费/元		36.96	40.32
	材料费/元		86.36	145.28
	机械费/元		—	—
名　称		单位	单价/元	消耗量	
人工	综合用工	工日	168.00	0.22	0.24
材料	灌浆料	kg	15.09	5.63	9.47
	水	m³	2.50	0.56	0.95

7. 洗漱台部品定额

洗漱台部品定额见表 9-12。

表 9-12　洗漱台部品定额

定额编号		7-45
项　目		成品洗漱台安装
		组
基价/元		122.46
其中	人工费/元	99.96
	材料费/元	22.50
	机械费/元	—

续表

	名　称	单位	单价/元	消耗量
人工	综合用工	工日	168.00	0.595
材料	成品洗漱台	组	—	(1.00)
	密封胶 350ml	支	22.50	1.00

8. 预制混凝土矩形梁模板计价定额

预制混凝土矩形梁模板计价定额见表 9-13。

表 9-13　预制混凝土矩形梁模板计价定额

定额编号			5-231
项　目			独立基础模板（每 100m²）
基价/元			4821.47
其中	人工费/元		3754.02
	材料费/元		1064.67
	机械费/元		2.78

	名　称	单位	单价/元	消耗量
人工	综合用工	工日	178.00	21.09
材料	组合钢模板	kg	5.20	77.340
	枋板材	m³	1530.00	0.017
	钢支撑及配件	kg	4.23	69.48
	木支撑	m³	1240	0.029
	零星卡具	kg	3.87	41.10
	梁卡具模板	kg	3.87	26.19
	圆钉	kg	5.80	0.47
	隔离剂	kg	3.20	10.00
	1∶2 水泥砂浆	m³	440.00	0.012
	镀锌铁丝 $\phi7$	kg	19.10	0.18
机械	木工圆锯机	台班	75.00	0.037

9.3.2　PC 构件、部品部件市场价

某地区 PC 构件、部品部件市场价见表 9-14。

表 9-14　某地区 PC 构件、部品部件市场价

序号	名　称	单位	市场价/元	备注
1	PC 叠合梁	m³	1521.86	
2	PC 叠合板	m³	1489.45	
3	PC 外墙板	m³	2031.75	
4	注浆套筒	个	1.98	
5	洗漱台	组	2562.00	

9.3.3　装配式建筑费用定额

某地区装配式建筑费用定额见表 9-15。

表 9-15　某地区装配式建筑费用定额

序　号	项目名称	计算基础	费率/%	备注
1	管理费	定额人工费	12	
2	利润	定额人工费	8	
3	安全文明施工费	定额人工费	18	
4	社会保障费	定额人工费	17	
5	住房公积金	定额人工费	3.5	

9.4　综合单价编制

9.4.1　现浇独立基础综合单价编制

第一步:将表 9-1 中序号 1 的现浇独立基础项目信息填写到独立基础综合单价分析表(见表 9-16)中的对应栏目。

第二步:将定额编号为 5-8 现浇独立基础计价定额(见表 9-16)中的人工费单价、材料费单价、机械费单价分别填写到表 9-16 中的对应栏目。

第三步:计算利润与管理费。独立基础计价定额利润与管理费＝人工费×(12%＋8%)＝213.53×20%≈42.71(元)。

第四步:将人工费单价、材料费单价、机械费单价和管理费利润单价分别计算工程量后,将结果分别填写到合计的对应栏目。

第五步:将小计中的 4 项费用合计为清单项目综合单价 800.80 元。

说明:本书中没有用到材料数据,所以省略了材料分析(下同)。

表 9-16　综合单价分析表

工程名称:A 住宅工程　　　　　　　　　　　　　标段:

项目编码	010501003001	项目名称	独立基础	计量单位	m³

清单综合单价组成明细

定额编号	定额项目名称	定额单位	数量	单价/元				合价/元			
				人工费	材料费	机械费	管理费和利润	人工费	材料费	机械费	管理费和利润
5-8	现浇混凝土独立基础	m³	1.0	213.53	544.24	0.32	42.71	213.53	544.24	0.32	42.71
人工单价		小计						213.53	544.24	0.32	42.71
元/工日		未计价材料费									
清单项目综合单价								800.80			

主要材料费明细	主要材料名称、规格、型号		单位	数量	单价/元	合价/元	暂估单价/元	暂估合价/元
	(略)							
								—
	材料费小计				—		—	

说明:管理费和利润＝人工费×20%。

9.4.2　PC 叠合板综合单价编制

　　第一步:将表 9-1 中序号 2 的 PC 叠合板项目信息填写到综合单价分析表(见表 9-17)中的对应栏目。

　　第二步:将表 9-14 中叠合板市场价填写到表 9-17 中。

　　第三步:将计价定额中定额编号为 5-305、5-335 的人工费单价、材料费单价、机械费单价分别填写到表 9-17 中的对应栏目。

　　第四步:计算利润与管理费。

　　第五步:将人工费单价、材料费单价、机械费单价和管理费利润单价分别计算工程量后,将结果分别填写到合计的对应栏目。

　　第六步:将小计中的 4 项费用合计为清单项目综合单价 2253.83 元。

表 9-17　综合单价分析表

工程名称:A 住宅工程　　　　　　　　　　　　　　标段:

项目编码	010512001001			项目名称		PC 叠合板		计量单位		m³

清单综合单价组成明细

定额编号	定额项目名称	定额单位	数量	单价/元				合价/元			
				人工费	材料费	机械费	管理费和利润	人工费	材料费	机械费	管理费和利润
市场价	PC 叠合板	m³	1.0		1489.45				1489.45		
5-305	PC 叠合板运输	m³	1.0	35.07	24.04	102.08	7.01	35.07	24.04	102.08	7.01
5-335	PC 叠合板安装	m³	1.0	340.37	81.59	106.15	68.07	340.37	81.59	106.15	68.07
人工单价			小计					375.44	1595.08	208.23	75.08
元/工日			未计价材料费								
清单项目综合单价								2253.83			

主要材料费明细	主要材料名称、规格、型号			单位	数量	单价/元	合价/元	暂估单价/元	暂估合价/元
	（略）								
								—	
	材料费小计						—		—

说明:管理费和利润=人工费×20%。

9.4.3　PC 叠合梁综合单价编制

第一步:将表 9-1 中序号 3 的 PC 叠合梁项目信息填写到综合单价分析表(见表 9-18)中的对应栏目。

第二步:将表 9-14 中叠合梁市场价填写到表 9-18 中。

第三步:将计价定额中定额编号为 5-305、5-332 的人工费单价、材料费单价、机械费单价分别填写到表9-18 中的对应栏目。

第四步:计算利润与管理费。

第五步:将人工费单价、材料费单价、机械费单价和管理费利润单价分别计算工程量后,将结果分别填写到合计的对应栏目。

第六步:将小计中的 4 项费用合计为清单项目综合单价 2047.01 元。

表 9-18 综合单价分析表

工程名称:A 住宅工程　　　　　　　　　　　标段:

项目编码	010510001001		项目名称		PC 叠合梁	计量单位	m³

清单综合单价组成明细

定额编号	定额项目名称	定额单位	数量	单价/元				合价/元			
				人工费	材料费	机械费	管理费和利润	人工费	材料费	机械费	管理费和利润
市场价	PC 叠合梁	m³	1.0		1521.86				1521.86		
5-305	PC 叠合梁运输	m³	1.0	35.07	24.04	102.08	7.01	35.07	24.04	102.08	7.01
5-332	PC 叠合梁安装	m³	1.0	213.86	19.20	81.12	42.77	213.86	19.20	81.12	42.77
人工单价			小计					248.93	1565.10	183.20	49.78
元/工日			未计价材料费								
清单项目综合单价								2047.01			

主要材料费明细	主要材料名称、规格、型号			单位	数量	单价/元	合价/元	暂估单价/元	暂估合价/元
	（略）								
								—	
	材料费小计					—		—	

说明:管理费和利润=人工费×20%。

9.4.4　PC 外墙板综合单价编制

第一步:将表 9-1 中序号 4 的 PC 外墙板项目信息填写到综合单价分析表(见表 9-19)中的对应栏目。

第二步:将表 9-14 中外墙板市场价填写到表 9-19 中。

第三步:将计价定额中定额编号为 5-305、5-345 的人工费单价、材料费单价、机械费单价分别填写到表 9-19 中的对应栏目。

第四步:计算利润与管理费。

第五步:将人工费单价、材料费单价、机械费单价和管理费利润单价分别计算工程量后,将结果分别填写到合计的对应栏目。

第六步:将小计中的 4 项费用合计为清单项目综合单价 2581.78 元。

表 9-19　综合单价分析表

工程名称:A 住宅工程　　　　　　　　　　　标段:

项目编码	010514002001	项目名称	PC 外墙板	计量单位	m³

清单综合单价组成明细

定额编号	定额项目名称	定额单位	数量	单价/元				合价/元			
				人工费	材料费	机械费	管理费和利润	人工费	材料费	机械费	管理费和利润
市场价	PC 外墙板	m³	1.0		2031.75				2031.75		
5-305	PC 外墙板运输	m³	1.0	35.07	24.04	102.08	7.01	35.07	24.04	102.08	7.01
5-345	PC 外墙板安装	m³	1.0	213.70	39.55	85.84	42.74	213.70	39.55	85.84	42.74
人工单价			小计					248.77	2095.34	187.92	49.75
元/工日			未计价材料费								
清单项目综合单价								2581.78			

主要材料费明细	主要材料名称、规格、型号			单位	数量	单价/元	合价/元	暂估单价/元	暂估合价/元
	（略）								
								—	
	材料费小计					—		—	

说明:管理费和利润＝人工费×20%。

9.4.5　套筒注浆综合单价编制

第一步:将表 9-1 中序号 5 的套筒注浆项目信息填写到综合单价分析表(见表 9-20)中的对应栏目。

第二步:将表 9-14 中注浆套筒市场价填写到表 9-20 中。

第三步:将计价定额中定额编号为 5-362 的人工费单价、材料费单价、机械费单价分别填写到表 9-20 中的对应栏目。

第四步:计算利润与管理费。

第五步:将人工费单价、材料费单价、机械费单价和管理费利润单价分别计算工程量后,将结果分别填写到合计的对应栏目。

第六步:将小计中的 4 项费用合计为清单项目综合单价 15.06 元。

表 9-20　综合单价分析表

工程名称：A 住宅工程　　　　　　　　标段：

项目编码	BC001		项目名称		套筒注浆		计量单位	个

清单综合单价组成明细

定额编号	定额项目名称	定额单位	数量	单价/元				合价/元			
				人工费	材料费	机械费	管理费和利润	人工费	材料费	机械费	管理费和利润
市场价	成品注浆套筒	个	1.0		1.98				1.98		
5-362	套筒注浆	个	1.0	3.70	8.64		0.74	3.70	8.64		0.74
人工单价			小计					3.70	10.62		0.74
元/工日			未计价材料费								
清单项目综合单价								15.06			

	主要材料名称、规格、型号			单位	数量	单价/元	合价/元	暂估单价/元	暂估合价/元
主要材料费明细	（略）								
									—
	材料费小计						—		—

说明：管理费和利润＝人工费×20％。

9.4.6　洗漱台综合单价编制

第一步：将表 9-1 中序号 6 洗漱台项目信息填写到综合单价分析表（见表 9-21）中的对应栏目。

第二步：将表 9-14 中洗漱台市场价填写到表 9-21 中。

第三步：将计价定额中定额编号为 7-45 的人工费单价、材料费单价、机械费单价分别填写到表 9-21 中的对应栏目。

第四步：计算利润与管理费。

第五步：将人工费单价、材料费单价、机械费单价和管理费利润单价分别计算工程量后，将结果分别填写到合计的对应栏目。

第六步：将小计中的 4 项费用合计为清单项目综合单价 2704.45 元。

表 9-21 综合单价分析表

工程名称:A 住宅工程　　　　　　　　　　标段:

项目编码	011505001001	项目名称	洗漱台	计量单位	组

清单综合单价组成明细

定额编号	定额项目名称	定额单位	数量	单价/元				合价/元			
				人工费	材料费	机械费	管理费和利润	人工费	材料费	机械费	管理费和利润
市场价	成品洗漱台	组	1.0		2562.00				2562.00		
7-45	洗漱台安装	组	1.0	99.96	22.50		19.99	99.96	22.50		19.99
人工单价		小计						99.96	2584.50		19.99
元/工日		未计价材料费									
清单项目综合单价								2704.45			

主要材料费明细	主要材料名称、规格、型号			单位	数量	单价/元	合价/元	暂估单价/元	暂估合价/元
	(略)								
								—	
	材料费小计					—		—	

说明:管理费和利润＝人工费×20%。

9.4.7　独立基础模板综合单价编制

第一步:将表 9-2 中独立基础模板信息填写到综合单价分析表(见表 9-22)中的对应栏目。

第二步:将计价定额中定额编号为 5-231 的人工费单价、材料费单价、机械费单价分别填写到表 9-22 中的对应栏目。

第三步:计算利润与管理费。

第四步:将人工费单价、材料费单价、机械费单价和管理费利润单价分别计算工程量后,将结果分别填写到合计的对应栏目。

第五步:将小计中的 4 项费用合计为清单项目综合单价 55.73 元。

表 9-22   综合单价分析表

工程名称：A 住宅工程   标段：

项目编码	011505001001	项目名称		独基模板	计量单位	m²

清单综合单价组成明细

定额编号	定额项目名称	定额单位	数量	单价/元				合价/元			
				人工费	材料费	机械费	管理费和利润	人工费	材料费	机械费	管理费和利润
5-231	独立基础模板	m²	1.0	37.54	10.65	0.03	7.51	37.54	10.65	0.03	7.51
人工单价		小计						37.54	10.65	0.03	7.51
元/工日		未计价材料费									
清单项目综合单价								55.73			

主要材料费明细	主要材料名称、规格、型号			单位	数量	单价/元	合价/元	暂估单价/元	暂估合价/元
	（略）								
									—
	材料费小计					—	—		—

说明：管理费和利润＝人工费×20％。

9.5   分部分项工程费计算

9.5.1   分部分项工程费计算填表

将上述各分项工程项目计算出来的综合单价填入表 9-23 中。

表 9-23   分部分项工程和单价措施项目清单与计价表（一）

工程名称：A 住宅工程   标段：   第 1 页   共 1 页

序号	项目编码	项目名称	项目特征描述	计量单位	工程量	金额/元		
						综合单价	合价	其中人工费
						人工费单价		
	E. 混凝土工程							
1	010501003001	独立基础	混凝土强度等级：C25	m³	148.52	800.80	118934.82	31713.48
						213.53		

续表

序号	项目编码	项目名称	项目特征描述	计量单位	工程量	综合单价	合价	其中人工费
						人工费单价		
2	010512001001	PC 叠合板	混凝土强度等级：C30	m³	21.59	2253.83	48660.19	7348.59
						340.37		
3	010510001001	PC 叠合梁	混凝土强度等级：C30	m³	3.04	2047.01	6222.91	650.13
						213.86		
4	010514002001	PC 外墙板	混凝土强度等级：C30	m³	22.84	2581.78	58967.86	4880.91
						213.70		
5	BC001	套筒注浆	钢筋直径：φ12 钢筋	个	288	15.06	4337.28	1065.60
						3.70		
		分部小计					237123.06	45658.71
		Q. 其他装饰工程						
6	011505001001	洗漱台	1.材料品种、规格、颜色：陶瓷、箱式、白色 2.支架、配件品种、规格：不锈钢支架、不锈钢水嘴、DN15	组	12	2704.45	32453.40	1199.52
						99.96		
		分部小计					32453.40	1199.52
		合计					269576.46	46858.23

9.5.2 分部分项工程费计算方法

将各分项工程综合单价填写到表 9-23 中，然后计算各分项工程合价和人工费，最后进行汇总。合价合计的计算结果为 269576.46 元。

9.6 措施项目、其他项目、规费计算

9.6.1 单价措施项目计算填表

将单价措施项目综合单价有关数据填入表 9-24 中。

表 9-24　分部分项工程和单价措施项目清单与计价表（二）

工程名称：A 住宅工程　　　　　　　　标段：　　　　　　　　第 1 页　共 1 页

序号	项目编码	项目名称	项目特征描述	计量单位	工程量	金额/元		
						综合单价	合价	其中人工费
		E. 混凝土工程						
1	011702001001	基础模板	基础类型：独立基础	m²	233.60	55.73	13018.53	8769.34
						37.54		
			小计				13018.53	8769.34

9.6.2　单价措施项目费计算

将各单价措施项目综合单价填写到表 9-24 中，然后计算各分项工程合价和人工费，最后进行汇总。合价小计的计算结果为 13018.53 元。

9.7　装配式混凝土建筑工程造价计算

9.7.1　工程造价计算数据填表

将上述有关价格与计算基础以及各项费率等有关数据和信息填入表 9-25 中。

表 9-25　装配式混凝土建筑工程造价计算表

序号	费用项目			计算基础	费率	计 算 式	金额/元
1	分部分项工程费					见表 9-23（其中定额人工费 46858.23 元）	269576.46
2	措施项目费	总价措施	单价措施项目			13018.53（见表 9-24，其中定额人工费 8769.34 元）	23031.49
			安全文明施工费	定额人工费	18％	（46858.23＋8769.34）×18％＝55627.57×18％＝10012.96（元）	
			夜间施工增加费			无	
			二次搬运费			无	
			冬雨季施工增加费			无	
3	其他项目费		总承包服务费	分包工程造价		无	500.00
			暂列金额			500 元（见表 9-4）	
			暂估价			无	
			计日工			无	

续表

序号	费用项目		计算基础	费率	计 算 式	金额/元
4	规费	社会保险费	人工费	17%	55627.57×17%＝9456.69(元)	11403.65
		住房公积金		3.5%	55627.57×3.5%＝1946.96(元)	
		工程排污费			无	
5	税前造价		序号1＋序号2＋序号3＋序号4			304511.60
6	税金	增值税	税前造价	9%	304511.60(不含进项税)×9% ＝27406.07(元)	27406.07
7	附加税	城市维护建设税、教育费附加、地方教育费附加	税前造价	0.0313%	304511.60(不含进项税)×0.313% ＝953.12(元)	953.12
工程造价＝序号1＋序号2＋序号3＋序号4＋序号6＋序号7						332871.09

9.7.2 装配式 A 住宅工程造价计算

根据表 9-23 和表 9-24 中的各项数据,根据某地区规定的费用定额取费基础和费率,根据增值税、附加税的计算基础和税率,装配式建筑 A 住宅工程的工程造价为 332871.09 元。

■■■■ 思考 ■■■■

Ⅲ
实 训 篇

10 装配式混凝土建筑工程量计算综合训练

10.1 装配式混凝土建筑工程量计算综合实训目标与方法

10.1.1 装配式混凝土建筑工程量计算综合实训目标

通过装配式混凝土建筑工程量计算"学与练"相结合的实训方式,读者根据书中的引导举例,自己动手完成规定的实训内容,达到熟练掌握装配式混凝土建筑 PC 构件工程量计算方法与技能的目的,打好练就扎实的基本功,实现参加工作后"近距离"上岗的目标。

本实训篇通过 B 住宅装配式混凝土建筑工程量清单报价编制的实训,拟达到让读者熟悉工程量清单报价的全过程、熟练掌握计算 PC 构件工程量的方法与技能、基本掌握综合单价编制方法和工程造价计算方法与技能的目标。

10.1.2 实施以读者为主、教师指导的实训方法

在前两篇内容的学习和练习基础上,读者主动学习本篇的举例内容,先入手根据施工图和计算要求,循序渐进地完成计算工程量的实训任务。经过努力,当自己已经不能独立完成实训内容时,可以求助教师。实训教师应从指导的角度启发读者计算工程量的思路,尽可能帮助其掌握方法与技能。

10.1.3 课程思政要求

综合实训的全过程应引导读者明确学习目的;明确工程造价的行业职业道德要求;明确吃苦耐劳是工程造价行业工作的基本特征,不然无法在社会立足。

要求读者实事求是独立完成实训任务,在实训中历练诚信、实干、吃苦耐劳的优良作风,提升思想认识水平和综合素质。

10.2　PC 叠合板工程量计算实训

姓名:	班级:	学号:	日期:

10.2.1　PC 叠合板工程量计算实训示例(一)

1. PCDB-1 叠合板施工图

PCDB-1 叠合板施工图见图 10-1。

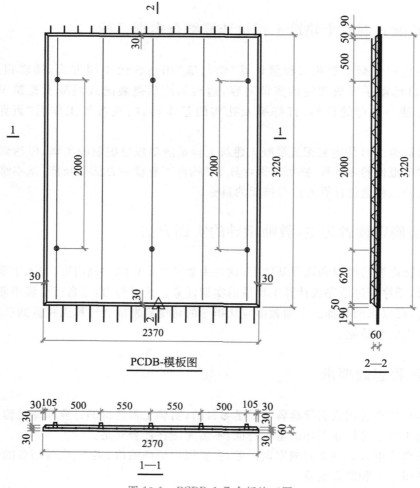

图 10-1　PCDB-1 叠合板施工图

2. 实训任务

依据图 10-1,完成表 10-1 任务,计算 13 块 PCDB-1 叠合板工程量。

表 10-1　PC 叠合板工程量计算实训卡（一）

构件名称	构件尺寸/m			单位	数量	工程量	计　算　式	加或减
	宽	长	厚					
PCDB-1 叠合板	2.37	3.22	0.06	m³	13	5.95	$V = 2.37 \times 3.22 \times 0.06 \times 13$ $= 5.95(\mathrm{m}^3)$	加

姓名：　　　　班级：　　　　　　时间：　　　　　　　　工程量合计：5.95m³

10.2.2　PC 叠合板工程量计算实训示例（二）

1. 施工图

PCDB-2 叠合板施工图见图 10-2。

2. 实训任务

依据图 10-2，完成表 10-2 任务，计算 27 块 PCDB-2 叠合板工程量。

表 10-2　PC 叠合板工程量计算实训卡（二）

构件名称	构件尺寸/m			单位	数量	工程量	计　算　式	加或减
	宽	长	厚					
PCDB-2 叠合板	1.60	3.11	0.06	m³	27	8.061	$V = 1.60 \times 3.11 \times 0.06 \times 27$ $\approx 8.061(\mathrm{m}^3)$	加
	0.09	0.35	0.06	m³	27	0.051	$V = 0.09 \times 0.35 \times 0.06 \times 27$ $\approx 0.051(\mathrm{m}^3)$	减
	计算式合并 $V = (1.60 \times 3.11 - 0.09 \times 0.35) \times 0.06 \times 27 \approx 8.01(\mathrm{m}^3)$							

姓名：　　　　班级：　　　　　　时间：　　　　　　　　工程量合计：8.01m³

附加计算：PCDB-1、PCDB-2 叠合板工程量小计 = 5.95 + 8.01 = 13.96(m³)

10.2.3　PC 叠合板工程量计算训练

以下实训内容由读者（学员）完成。

1. 施工图

PCDB-3 叠合板施工图见图 10-3。

2. 实训任务

依据图 10-3，完成表 10-3 实训任务，计算 31 块 PCDB-3 叠合板工程量。

重要说明：实训卡中空白部分是需要读者自己动手、按照表格中要求完成的工程量计算各项内容（下同）。

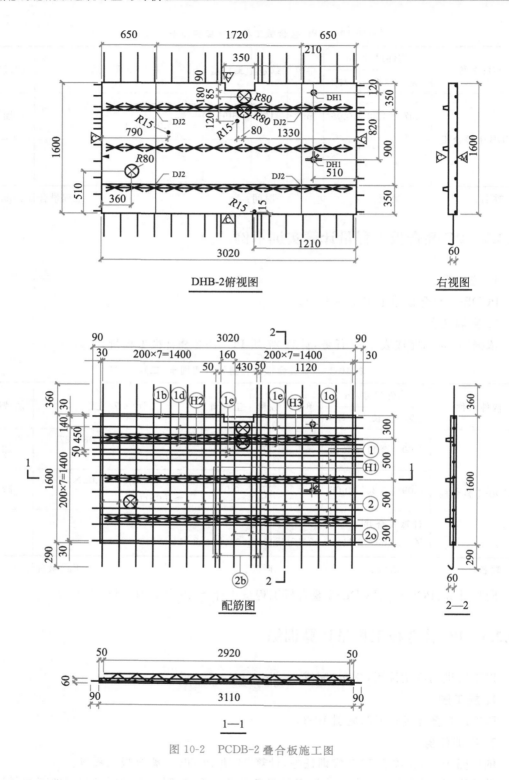

图 10-2　PCDB-2 叠合板施工图

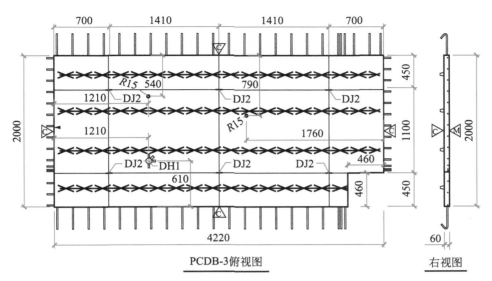

图 10-3　PCDB-3 叠合板施工图

表 10-3　PC 叠合板工程量计算实训卡（三）

构件名称	构件尺寸/m			单位	数量	工程量	计　算　式	加或减
	宽	长	厚					
PCDB-3 叠合板				m³	31		$V=$	
				m³	31		$V=$	
	计算式合并 $V=$							

姓名：　　　　　　班级：　　　　　　时间：　　　　　　工程量合计：　　　　m³

■ 实训思考 ■

10.3　PC 叠合梁工程量计算实训

姓名：	班级：	学号：	日期：

10.3.1　PC 叠合梁施工图

1. PCL-1 三维图

PCL-1 三维图见图 10-4。

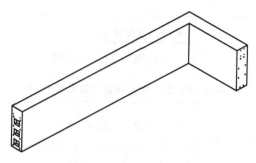

图 10-4　PCL-1 三维图

2. PCL-1 施工图

PCL-1 施工图见图 10-5。

10.3.2　PC 叠合梁工程量计算训练

依据图 10-5，完成表 10-4 实训任务，计算 37 根 PCL-1 叠合梁工程量。

表 10-4　PC 叠合梁工程量计算实训卡

构件名称	构件尺寸/m			单位	数量	工程量	计 算 式	加或减
	宽	长	厚					
PCL-1 叠合梁				m³	37		$V=$	
				m³	37		$V=$	
	计算式合并 $V=$							

姓名：	班级：	时间：	工程量合计：　　　m³

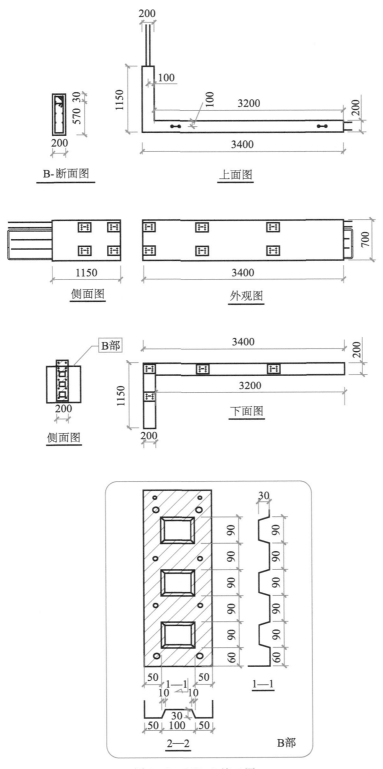

图 10-5 PCL-1 施工图

10.4　PC 墙板工程量计算实训

姓名：	班级：	学号：	日期：

10.4.1　PC 墙板施工图

1. PCQ-1 三维图

PCQ-1 三维图见图 10-6。

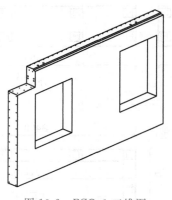

图 10-6　PCQ-1 三维图

2. PCQ-1 施工图

PCQ-1 施工图见图 10-7。

10.4.2　PC 墙板工程量计算训练

依据图 10-7，完成表 10-5 实训任务，计算 29 块 PCQ-1 墙板工程量。

表 10-5　PC 墙板工程量计算实训卡

构件名称	构件尺寸/m			单位	数量	工程量	计　算　式	加或减
	宽	长	厚					
PCQ-1 墙板				m³	29		$V=$	
				m³	29		$V=$	
	计算式合并 $V=$							

姓名：	班级：	时间：	工程量合计：　　　　m³

附加计算:29 块 PCQ-1 墙板套筒注浆工程量＝5×29＝145(个)

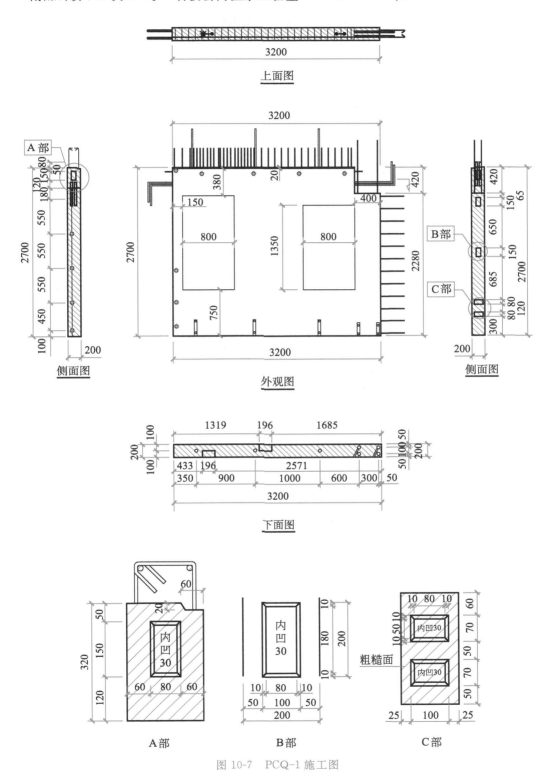

图 10-7　PCQ-1 施工图

10.5 PC 楼梯工程量计算实训

姓名：	班级：	学号：	日期：

10.5.1 PC 楼梯施工图

PCLT 楼梯施工图见图 10-8。

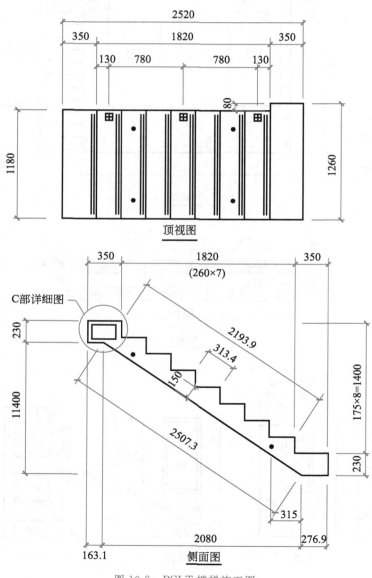

图 10-8 PCLT 楼梯施工图

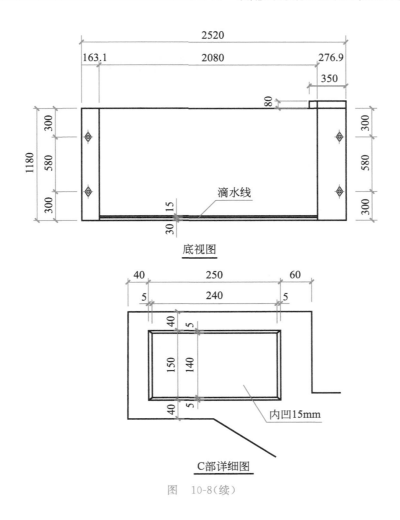

底视图

C部详细图

图 10-8(续)

10.5.2 PC 楼梯工程量计算训练

依据图 10-8,完成表 10-6 实训任务,计算 17 块 PCLT-1 楼梯工程量。

表 10-6 PC 楼梯工程量计算实训卡

构件名称	构件尺寸/m			单位	数量	工程量	计 算 式	加或减
	宽	长	厚					
PCLT-1 楼梯				m³	17		$V=$	
				m³	17		$V=$	
	计算式合并 $V=$							

姓名:	班级:	时间:	工程量合计:	m³

10.6　PC阳台工程量计算实训

姓名：	班级：	学号：	日期：

10.6.1　PC阳台施工图

1. PCYT-1 阳台三维图

PCYT-1 阳台三维图见图 10-9。

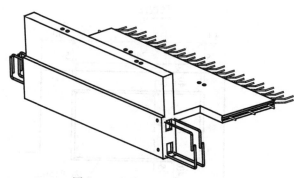

图 10-9　PCYT-1 阳台三维图

2. PCYT-1 阳台施工图

PCYT-1 阳台施工图见图 10-10 和图 10-11。

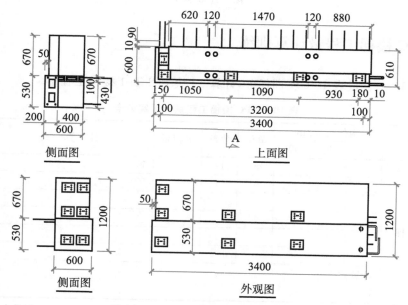

图 10-10　PCYT-1 阳台施工图(一)

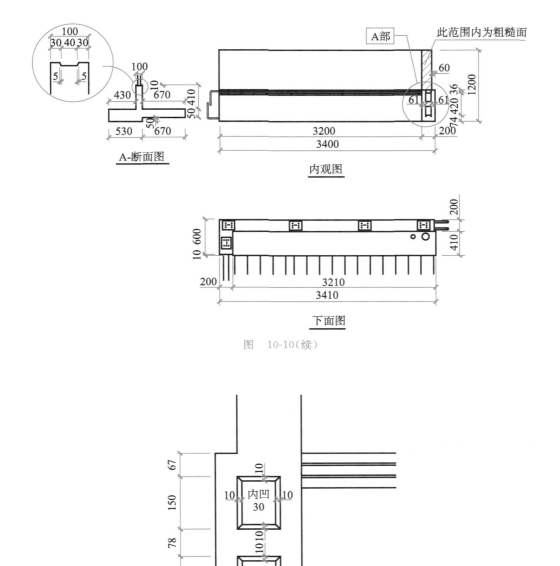

图 10-10(续)

图 10-11 PCYT-1 阳台施工图(二)

10.6.2 PC 阳台工程量计算实训

依据图 10-10 和图 10-11,完成表 10-7 实训任务,计算 23 块 PCYT-1 阳台工程量。

表 10-7　PC 阳台工程量计算实训卡

构件名称	构件尺寸/m			单位	数量	工程量	计　算　式	加或减
	宽	长	厚					
PCYT-1 阳台				m³	23		$V=$	
				m³	23		$V=$	
	计算式合并 $V=$							

姓名：　　　　　　班级：　　　　　　　时间：　　　　　　　工程量合计：　　　m³

▌实训思考

10.7 PC 空调板工程量计算实训

姓名：	班级：	学号：	日期：

10.7.1 PC 空调板施工图

PCKTB-1 空调板施工图见图 10-12。

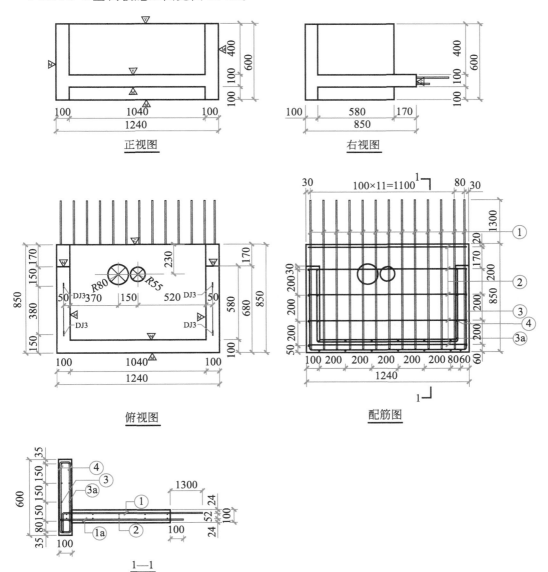

图 10-12 PCKTB-1 空调板施工图

10.7.2 PC空调板工程量计算训练

依据图 10-12,完成表 10-8 实训任务,计算 32 块 PCKTB-1 空调板工程量。

表 10-8 PC空调板工程量计算实训卡

构件名称	构件尺寸/m			单位	数量	工程量	计 算 式	加或减
	宽	长	厚					
PCKTB-1 空调板				m^3	32		$V=$	
				m^3	32		$V=$	
计算式合并 $V=$								

姓名:　　　　　班级:　　　　　　　时间:　　　　　　　　工程量合计:　　　　　m^3

▌实训思考

11 装配式混凝土建筑工程量清单报价实训

11.1 装配式建筑工程量清单报价计算依据

姓名：	班级：	学号：	日期：

11.1.1 B 工程现浇混凝土杯形基础清单工程量计算

1.杯形基础三维图

杯形基础三维图见图 11-1。

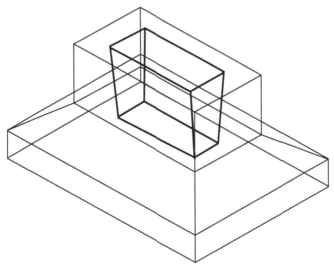

图 11-1　杯形基础三维图

2.杯形基础施工图

杯形基础平面图见图 11-2,杯基剖面图见图 11-3。

3.杯形基础清单工程量计算

依据图 11-2 和图 11-3,完成表 11-1 实训任务,计算 12 个现浇混凝土杯形基础清单工程量。

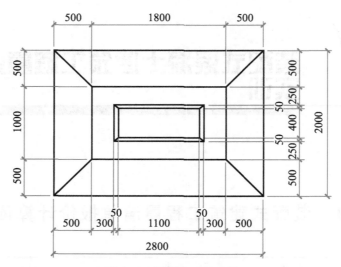

图 11-2　杯形基础平面图

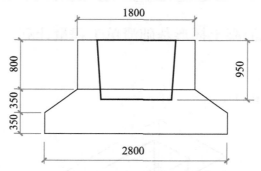

图 11-3　杯形基础剖面图

表 11-1　杯形基础清单工程量计算实训卡

构件名称	构件尺寸/m			单位	数量	工程量	计　算　式	加或减
	宽	长	厚(高)					
现浇杯形基础	2.00	2.80	0.35	m³	12	23.52	$V=2.00\times2.80\times0.35\times12$ $=23.52(m^3)$	加
	2.00 1.00	2.80 1.80	0.35	m³	12	15.54	$V=(2.00\times2.80+1.00\times1.80)$ $\times0.5\times0.35\times12$ $=3.70\times0.35\times12$ $=15.54(m^3)$	加
	1.00	1.80	0.80	m³	12	17.28	$V=1.00\times1.80\times0.80\times12$ $=1.44\times12=17.28(m^3)$	加
	0.40 0.50	1.10 1.20	0.95	m³	12	−5.93	$V=(0.40\times1.10+0.50\times1.20)\times0.5\times0.95\times12$ $=0.494\times12\approx5.93(m^3)$	减
合计						50.41		

续表

构件名称	构件尺寸/m			单位	数量	工程量	计　算　式	加或减
	宽	长	厚(高)					
现浇杯形基础	计算式合并 $V=[2.00\times2.80\times0.35+(2.00\times2.80+1.00\times1.80)\times0.5\times0.35+1.00\times$ 　　$1.80\times0.80-(0.40\times1.10+0.50\times1.20)\times0.5\times0.95]\times12$ 　$=(1.96+1.295+1.44-0.494)\times12$ 　$=4.201\times12$ 　$\approx50.41(m^3)$							

姓名：　　　　班级：　　　　　　时间：　　　　　　　清单工程量合计：50.41m³

11.1.2　B 工程措施项目清单工程量计算

依据图 11-2 和图 11-3,完成表 11-2 实训任务,计算 12 个现浇混凝土杯形基础模板清单工程量。

表 11-2　杯形基础模板清单工程量计算实训卡

构件名称	构件尺寸/m			单位	数量	工程量	计　算　式	加或减
	宽	长	厚(高)					
杯形基础模板	2.00	2.80	0.35	m²	12	40.32	$S=(2.00+2.80)\times2\times0.35$ 　　$\times12$ 　$=3.36\times12=40.32(m^2)$	加
	1.00	1.80	0.80	m²	12	53.76	$V=(1.00+1.80)\times2\times0.80$ 　　$\times12$ 　$=4.48\times12=53.76(m^2)$	加
	合计					94.08		
	计算式合并 $S=[(2.00+2.80)\times2\times0.35+(1.00+1.80)\times2\times0.80]\times12$ 　$=(3.36+4.48)\times12$ 　$=94.08(m^3)$							

姓名：　　　　班级：　　　　　　时间：　　　　　　　清单工程量合计：94.08m³

11.1.3　B 工程分部分项工程和单价措施项目清单

将表 10-1～表 10-8 和表 11-1、表 11-2 已经计算出来的清单工程量填写到表 11-3 中。

表 11-3　B 工程分部分项工程和单价措施项目清单与计价表

工程名称:B 工程　　　　　　　　　标段:　　　　　　　　第 1 页　共 1 页

序号	项目编码	项目名称	项目特征描述	计量单位	工程量	综合单价	合价	其中人工费
						金额/元		
		E. 混凝土工程						
1	010501003001	杯形基础	混凝土强度等级:C25	m³	50.41			
2	010512001001	PC 叠合板(1)	混凝土强度等级:C30	m³	13.96			
3	010512001001	PC 叠合板(2)	混凝土强度等级:C30	m³				
4	010510001001	PC 叠合梁	混凝土强度等级:C30	m³				
5	010514002001	PC 墙板	混凝土强度等级:C30	m³				
6	010513001001	PC 楼梯	混凝土强度等级:C30	m³				
7	010514002001	PC 阳台板	混凝土强度等级:C30	m³				
8	010514002002	PC 空调板	混凝土强度等级:C30	m³				
9	BC001	套筒注浆	钢筋直径:φ12 钢筋	个	145			
		分部小计						
		Q. 其他装饰工程						
6	011505001001	洗漱台	1.材料品种、规格、颜色:陶瓷、箱式、白色 2.支架、配件品种、规格:不锈钢支架、不锈钢水嘴、DN15	组	16			
		分部小计						
		S2.混凝土模板						
	011702001001	基础模板	基础类型:杯形基础	m²	94.08			
		分部小计						
		合计						

说明:PC 构件运距均为 10km。

11.1.4　B 工程总价措施项目清单

B 工程总价措施项目是安全文明施工费。

11.1.5 B工程其他项目、规费与税金项目费清单

1. 其他项目清单

其他项目清单与计价汇总表见表11-4。

表11-4 其他项目清单与计价汇总表

工程名称：A住宅工程　　　　　　　　标段：　　　　　　　　第1页 共1页

序号	项目名称	金额/元	结算金额/元	备注
1	暂列金额	1200.00		
2	暂估价			无
2.1	材料暂估价			无
2.2	专业工程暂估价			无
3	计日工			无
4	总承包服务费			无
5				
	合计			—

2. 规费与税金项目清单

规费与税金项目清单计价表见表11-5。

表11-5 规费、税金项目清单计价表

工程名称：A住宅工程　　　　　　　　标段：　　　　　　　　第1页 共1页

序号	项目名称	计算基础	计算基数	计算费率/%	金额/元
1	规费	定额人工费			
2	住房公积金	定额人工费			
3	增值税税金	不含进项税的税前造价＝分部分项工程费＋措施项目费＋其他项目费＋规费	税前造价	9	
4	附加税		税前造价	0.313	
	合计				

11.1.6 B工程用计价定额

某地区装配式建筑计价定额如下。

1. 现浇杯形基础计价定额

现浇杯形基础计价定额见表9-6。定额编号5-8、基价758.09元/m³、人工费213.53元/m³。

2. PC 叠合板安装计价定额

PC 叠合板安装计价定额见表 9-8。定额编号 5-335、基价 528.18 元/m³、人工费 340.37 元/m³。

3. PC 叠合梁安装计价定额

PC 叠合梁安装计价定额见表 9-7。定额编号 5-332、基价 314.19 元/m³、人工费 213.86 元/m³。

4. PC 墙安装计价定额

PC 墙安装计价定额见表 9-9。定额编号 5-345、基价 339.08 元/m³、人工费 213.70 元/m³。

5. PC 楼梯安装计价定

PC 楼梯段安装计价定额见表 11-6。

表 11-6　PC 楼梯段安装计价定额

	定额编号			5-418
	项　目			楼梯安装（每 10m³）
	基价/元			4219.57
其中	人工费/元			3039.12
	材料费/元			334.06
	机械费/元			846.39
	名　称	单位	单价	消耗量
人工	综合用工	工日	180.00	16.884
材料	预制混凝土楼梯	m³	—	(10.00)
	垫铁	kg	4.10	9.030
	低合金钢焊条 E43	kg	16.00	1.310
	干混砌筑砂浆 DM M10	m³	646.00	0.140
	松杂板枋材	m³	1800.00	0.024
	立支撑杆件 $\phi48\times3.5$	套	55.80	0.720
	零星卡具	kg	5.20	9.800
	钢支撑及配件	kg	4.90	10.470
机械	交流弧焊机 32kV·A	台班	28.00	0.125
	干混砂浆罐式搅拌机	台班	35.00	0.014
	汽车式起重机 20t	台班	1560.00	0.54

6. PC 阳台板安装计价定额

PC 阳台板安装计价定额见表 11-7。

表 11-7　PC 阳台板安装计价定额

定额编号				5-421
项　目				PC 阳台板安装（每 10m³）
基价/元				3286.23
其中	人工费/元			2293.38
	材料费/元			103.30
	机械费/元			889.55
	名　称	单位	单价	消耗量
人工	综合用工	工日	180.00	12.741
材料	预制混凝土阳台板	m³	—	(10.00)
	枋板材	m³	1800	0.002
	干混砌筑砂浆 DM M20	m³	730.00	0.100
	垫木	m³	1500.00	0.012
	垫铁	kg	4.30	2.024
机械	干混砂浆罐式搅拌机	台班	35.00	0.010
	汽车式起重机 20t	台班	1560.00	0.57

7. PC 空调板安装计价定额

PC 空调板安装计价定额见表 11-8。

表 11-8　PC 空调板安装计价定额

定额编号				5-424
项　目				空调板安装（每 10m³）
基价/元				6078.01
其中	人工费/元			4295.52
	材料费/元			906.60
	机械费/元			875.89
	名　称	单位	单价	消耗量
人工	综合用工	工日	180.00	23.864
材料	预制空调板	m³	—	—
	垫铁	kg	4.10	5.760
	低合金钢焊条 E43	kg	16.00	6.710
	立支撑杆件 $\phi48 \times 3.5$	套	55.80	3.00
	松杂板枋材	m³	1800.00	0.100
	零星卡具	kg	5.20	41.04
	钢支撑及配件	kg	4.90	43.84
机械	交流弧焊机 32kV·A	台班	28.00	0.639
	汽车式起重机 20t	台班	1560.00	0.56

8. 套筒注浆计价定额

套筒注浆计价定额见表 9-11。定额编号 5-363、基价 12.33 元/m³、人工费 3.70 元/m³。

9. 基础模板计价定额

基础模板计价定额见表 9-13。定额编号 5-231、基价 48.21 元/m²、人工费 37.54 元/m²。

10. 预制构件运输计价定额

预制构件运输计价定额见表 9-10。定额编号 5-305、基价 161.19 元/m³、人工费 35.07 元/m³。

11. 洗漱台安装计价定额

洗漱台安装计价定额见表 9-12。定额编号 7-45、基价 122.46 元/组、人工费 99.96 元/组。

11.1.7　PC 构件、部品部件市场价

B 工程所在地区 PC 构件、部品部件市场价见表 11-9。

表 11-9　PC 构件、部品部件市场价

序号	名　称	单位	市场价	备注
1	PC 叠合梁	m³	1544.32	
2	PC 叠合板	m³	1476.21	
3	PC 墙板	m³	2081.71	
4	PC 楼梯	m³	1970.49	
5	PC 阳台板	m³	2010.28	
6	PC 空调板	m³	2054.02	
7	注浆套筒	个	1.87	
8	洗漱台	组	2500.00	

11.1.8　装配式建筑费用定额

B 工程所在地区装配式建筑费用定额见表 11-10。

表 11-10　某地区装配式建筑费用定额

序　号	项目名称	计算基础	费率/%	备注
1	管理费	定额人工费	12	
2	利润	定额人工费	9	
3	安全文明施工费	定额人工费	18	
4	社会保障费	定额人工费	17	
5	住房公积金	定额人工费	3.5	

11.2 装配式建筑 B 住宅工程量清单报价编制实训

姓名:	班级:	学号:	日期:

11.2.1 B 工程综合单价编制实训

1. 综合单价编制实训要求

根据 B 工程分部分项工程量清单、计价定额填写综合单价分析表中对应的信息或数据,套用规定的计价定额,计算利润和管理费,最好计算出清单项目综合单价。

2. 现浇杯形基础综合单价

现浇杯形基础综合单价参见表 9-16。

3. PC 叠合板安装综合单价

PC 叠合板安装综合单价参见表 9-17。

4. PC 叠合梁安装综合单价

PC 叠合梁安装综合单价参见表 9-18。

5. PC 墙安装综合单价

PC 墙安装综合单价参见表 9-19。

6. PC 楼梯安装综合单价编制

PC 楼梯安装综合单价见表 11-11,由学员自行编制。

表 11-11 综合单价分析表

工程名称:B 工程   标段:

项目编码		项目名称	PC 楼梯安装	计量单位	m³

清单综合单价组成明细

定额编号	定额项目名称	定额单位	数量	单价				合价			
				人工费	材料费	机械费	管理费和利润	人工费	材料费	机械费	管理费和利润
人工单价			小计								
元/工日			未计价材料费								

	清单项目综合单价						
主要材料费明细	主要材料名称、规格、型号	单位	数量	单价/元	合价/元	暂估单价/元	暂估合价/元
	（略）						
						—	—
	材料费小计			—	—	—	—

说明：管理费和利润＝人工费×20％。

7. PC 阳台板安装综合单价编制

PC 阳台板安装综合单价见表 11-12，由学员自行编制。

表 11-12 综合单价分析表

工程名称：B 工程 标段：

项目编码			项目名称	PC 阳台板	计量单位	m³

				清单综合单价组成明细							

定额编号	定额项目名称	定额单位	数量	单 价				合 价			
				人工费	材料费	机械费	管理费和利润	人工费	材料费	机械费	管理费和利润
人工单价				小计							
元/工日				未计价材料费							

	清单项目综合单价						
主要材料费明细	主要材料名称、规格、型号	单位	数量	单价/元	合价/元	暂估单价/元	暂估合价/元
	（略）						
						—	—
	材料费小计			—	—	—	—

说明：管理费和利润＝人工费×20％。

8. PC 空调板安装综合单价编制

PC 空调板安装综合单价用见表 11-13,由学员自行编制。

表 11-13 综合单价分析表

工程名称:B 工程 标段:

| 项目编码 | | | | 项目名称 | | | PC 空调板 | 计量单位 | m³ |

清单综合单价组成明细

定额编号	定额项目名称	定额单位	数量	单价				合价			
				人工费	材料费	机械费	管理费和利润	人工费	材料费	机械费	管理费和利润
人工单价				小计							
元/工日				未计价材料费							
清单项目综合单价											

主要材料费明细	主要材料名称、规格、型号			单位	数量	单价/元	合价/元	暂估单价/元	暂估合价/元
	(略)								
									—
	材料费小计					—		—	

说明:管理费和利润＝人工费×20%。

9. 套筒注浆综合单价

套筒注浆综合单价参见表 9-20。

10. 洗漱台安装综合单价

洗漱台安装综合单价参见表 9-21。

11. 基础模板综合单价

基础模板综合单价参见表 9-22。

11.2.2 B 工程分部分项工程费计算实训

实训内容:读者根据上述有关依据,将各项目的综合单价与人工费单价分别填入表 11-14 对应项目的分子与分母中,计算各项目合价和人工费小计,完成分部小计、工程合计等计算内容。

表 11-14 B 工程分部分项工程和单价措施项目清单与计价表

工程名称:B 工程   标段: 第 1 页 共 1 页

序号	项目编码	项目名称	项目特征描述	计量单位	工程量	金额/元		
						综合单价	合价	其中人工费
		E. 混凝土工程						
1	010501003001	杯形基础	混凝土强度等级:C25	m³	50.41	758.09 213.53		
2	010512001001	PC 叠合板(1)	混凝土强度等级:C30	m³	13.96			
3	010512001001	PC 叠合板(2)	混凝土强度等级:C30	m³				
4	010510001001	PC 叠合梁	混凝土强度等级:C30	m³				
5	010514002001	PC 墙板	混凝土强度等级:C30	m³				
6	010513001001	PC 楼梯	混凝土强度等级:C30	m³				
7	010514002001	PC 阳台板	混凝土强度等级:C30	m³				
8	010514002002	PC 空调板	混凝土强度等级:C30	m³				
9	BC001	套筒注浆	钢筋直径:φ12 钢筋	个	145			
		分部小计						
		Q. 其他装饰工程						
6	011505001001	洗漱台	1.洗漱台:陶瓷、箱式、白色 2.支架等:不锈钢支架、不锈钢水嘴、DN15	组	16			
		分部小计						

续表

序号	项目编码	项目名称	项目特征描述	计量单位	工程量	金额/元		
						综合单价	合价	其中人工费
		S2. 混凝土模板						
	011702001001	基础模板	基础类型:杯形基础	m²	94.08	55.73 37.54		
		分部小计						
		合计						

说明:①PC构件运距均为10km。②综合单价栏中分子为项目综合单价、分母为项目人工单价。

11.2.3 B工程措施项目费计算实训

1. B工程单价措施项目费

$$基础模板费 = 基础模板清单工程量 \times 综合单价$$
$$= 94.08 \times 55.73 \approx 5243.08(元)$$

2. B工程造价措施项目费

$$安全文明施工费 = (分部分项工程定额人工费 + 单价措施项目定额人工费) \times 18\%$$
$$=$$

11.2.4 B工程其他项目、规费项目计算实训

1. 暂列金额

B工程暂列金额为1200元。

2. 规费

$$B工程规费 = (分部分项工程定额人工费 + 单价措施项目定额人工费) \times (17\% + 3.5\%)$$
$$=$$

3. 附加税

$$B工程附加费 = (城市维护建设税 + 教育费附加 + 地方教育附加) \times 0.313\%$$
$$=$$

11.2.5 B工程造价计算实训

读者根据上述提供的数据和依据,自行完成表11-15和各项费用的计算任务。

表 11-15 装配式混凝土建筑 B 工程造价计算表

序号	费用项目			计算基础	费率	计算式	金额/元
1	分部分项工程费						
2	措施项目费	总价措施	单价措施项目				
			安全文明施工费	定额人工费			
			夜间施工增加费			无	
			二次搬运费			无	
			冬雨季施工增加费			无	
3	其他项目费	总承包服务费		分包工程造价		无	
		暂列金额					
		暂估价				无	
		计日工				无	
4	规费	社会保险费		定额人工费			
		住房公积金					
		工程排污费				无	
5	税前造价			序号1＋序号2＋序号3＋序号4			
6	税金	增值税		税前造价			
7	附加税	城市维护建设税、教育费附加、地方教育费附加		税前造价			
工程造价＝序号1＋序号2＋序号3＋序号4＋序号6＋序号7							

■ 实训思考 ■

参 考 文 献

[1] 中华人民共和国住房和城乡建设部.建设工程工程量清单计价规范(GB 50500—2013)[S].北京:中国
    计划出版社,2013.
[2] 中华人民共和国住房和城乡建设部.房屋建筑与装饰工程工程量计算规范(GB 50854—2013)[S].北
    京:中国计划出版社,2013.
[3] 袁建新.工程造价概论[M].北京:中国建筑工业出版社,2019.